日本音響学会 編
音響テクノロジーシリーズ 19

# 頭部伝達関数の基礎と3次元音響システムへの応用

博士（工学）飯田 一博 著

コロナ社

## 音響テクノロジーシリーズ編集委員会

**編集委員長**

東京大学
博士（工学）　坂本　慎一

**編 集 委 員**

産業技術総合研究所
工学博士　蘆原　郁

千葉工業大学
博士（工学）　飯田　一博

東北学院大学
博士（情報科学）　岩谷　幸雄

九州大学
博士（工学）　尾本　章

山梨大学
博士（工学）　垣尾　省司

甲南大学
博士（情報科学）　北村　達也

滋賀県立大学
博士（工学）　坂本　眞一

株式会社 ATR-Promotions
工学博士　正木　信夫

龍谷大学
博士（工学）　三浦　雅展

（五十音順）

（2016 年 11 月現在）

# 発刊にあたって

　「音響テクノロジーシリーズ」の第 1 巻「音のコミュニケーション工学 – マルチメディア時代の音声・音響技術 – 」が刊行されてから 20 年が経過した。本シリーズは，日本音響学会が刊行する書籍のシリーズとして，「音響工学講座」に続く 2 番目のシリーズである。またその後，日本音響学会では，新たに「音響入門シリーズ」，「音響サイエンスシリーズ」の編集が開始され，音の世界への入門から応用まで，科学から技術まで，広くウィングを広げつつある。

　「音響工学講座」が，大学や専門学校で音響工学を学び，あるいは現場で音響学を応用した仕事に従事する研究者・技術者を対象として，学術分野別に筋の通った教科書として統一的に編集されたシリーズであるのに対して，「音響テクノロジーシリーズ」は，その時々の音響工学に関係する最先端の分野をとりあげ，その技術を深く理解すべく編集されたシリーズである。東倉洋一初代編集委員長は，これを「従来の研究分野別の構成とは異なり，複数の分野に横断的に係わるメソッド的なシリーズ」と述べている。「音響工学講座」のように分野別のシリーズを縦糸，本シリーズのように分野は違えども共通に応用できる技法や手法をまとめたシリーズを横糸，と喩えられることもある。丈夫な縦糸と横糸が偏りなく，しっかりと組み合わされることによって，直面する課題の解決に耐えうる盤石の知識基盤が構築できる。

　「音響テクノロジーシリーズ」は，シリーズ名に「テクノロジー」をうたっている。テクノロジーとは，実用的な目的のために，知識を応用することやその方法，理論，体系を意味する。本シリーズが扱う音響学は，かかわる分野が非常に幅広い。音波の発生と伝搬は物理現象であり，音波の知覚と認識は，心理学や生理学の領域にある。音楽音響の分野に至っては，楽器の発音機構の理

解には非常に高度な物理的知識が必要であると同時に，芸術の分野にまで踏み込むこともある．そのため，音響学は現代の科学技術の各所に役立てられ，応用されている．本シリーズではこれまで，音のトランスデューサやディジタル処理技術，心理学的測定法のように，音響工学や音響心理学の根幹をなすテーマから，音を用いたイメージング技術やアクティブコントロールのような音の工学的応用を深く掘り下げたテーマ，さらには非線形音響のように最新のトピックを取り扱ってきた．今後は，知識や技術のボーダーレス化に伴い，音響技術の国際化も重要な視点となるだろう．また，広く考えれば，音響学が担うべき役割は，単なる科学技術の領域にとどまらず，人間や社会のシステムにおける位置づけが重要となってくる．そのようなことも鑑み，今後も実学と直結した音響学の魅力を本シリーズで伝えていきたい．最後に，本シリーズの発刊にあたり，企画と執筆に多大なご努力をいただいた編集委員，著者の方々，ならびに出版に際して種々のご尽力をいただいたコロナ社の諸氏に深く感謝する．

2017年2月

音響テクノロジーシリーズ編集委員会
編集委員長　坂本　慎一

# まえがき

　頭部伝達関数は，ヒトが音の空間特性（特に方向感や拡がり感）を知覚するにあたって中心的な役割を果たす物理量である。頭部伝達関数を応用することにより，時間と空間を超えて3次元的に音を再現したり，任意の仮想音空間を創造したりすることが可能となる。実際にそのようなシステムが開発されつつある。

　それにも関わらず，頭部伝達関数の全貌を修得するのに適した書籍はいまのところ見当たらない。筆者自身を省みても，これまで「空間音響学」において頭部伝達関数の概要を述べ，「音響工学基礎論」において3次元音響に関わるディジタル信号処理の一端を紹介したが，これらの記述は断片的であるといわざるをえない。

　このような背景のもと，本書では頭部伝達関数の基礎から応用までを視野に入れ，古典から最先端に至る知見を以下のような構成で記述した。

　まず序章では，頭部伝達関数の定義や座標系など，本書を読み進めるにあたって必要となる基礎的な項目を述べ，さらに現時点での研究の到達点をまとめた。この章を読むだけでも頭部伝達関数を巡る研究や技術開発の概要を理解できるよう記述した。

　2章と3章では，それぞれ水平面内および正中面内の音源による頭部伝達関数と方向知覚について，基礎から最新の研究成果まで詳しく述べた。4章と5章では，頭部伝達関数の個人差，その克服方法（頭部伝達関数の個人化方法），任意の3次元方向への音像制御方法について，最新の知見を中心に述べた。これらは本書の中核となる章であり，頭部伝達関数の本質を明解に記述するよう心掛けた。

まえがき

　6章から8章では，これまであまりまとまった議論がなされなかった，頭部伝達関数と方向決定帯域，音像距離，音声了解度との関連について述べた。

　9章から11章では，頭部伝達関数の測定方法，分析・信号処理方法，さらにデータベースについて，それぞれ説明した。読者が自ら測定，分析を進められるように，できるだけ具体的に記述した。

　12章と13章では，3次元音響システムへの応用として，基本原理を詳しく説明したあと，開発が進められているいくつかの3次元聴覚ディスプレイを紹介した。

　さらに，8つの節からなる付録を設け，本文では触れられなかった周辺の知見を記した。必要に応じて参照してもらえれば幸いである。

　あとがきでは本書のまとめと今後の展望を記した。

　各章末に「引用・参考文献」を設けて，引用した論文と書籍を列挙したので，さらに詳しく学習したい読者にはぜひ原典をひもといていただきたい。

　本書の刊行にあたっては，多くの方にご協力いただいた。特に，神戸大学の森本政之名誉教授，東京大学の坂本慎一准教授，東北学院大学の岩谷幸雄教授，千葉工業大学の竹本浩典教授，莇木禎史教授には原稿に対して有意義なご意見をいただいた。また，飯田研究室の石井要次君と田中直子さんには，データ整理や文献整理でご協力いただいた。ここに記して深く感謝申し上げる。

　本書が，頭部伝達関数や3次元音響システムに関心のある学生諸君の学習に，さらに技術者，研究者の実務に役立つものとなり，この分野の研究開発が一層進むことが筆者の真の希望である。執筆には細心の注意を払ったが，もとより浅学非才の身，お気づきの点があれば，ご指導，ご叱正いただければ幸いである。

　2017年　早春　津田沼にて

飯田　一博

# 目　　　　次

## 1. 序　　章

1.1　頭部伝達関数とは……………………………………………………2
1.2　頭部伝達関数と頭部インパルス応答…………………………………3
1.3　音　源　と　音　像……………………………………………………4
1.4　座　　標　　系…………………………………………………………5
1.5　頭部伝達関数の研究略史──現在の到達点と課題──………………7
　　1.5.1　頭部伝達関数の概念　　7
　　1.5.2　頭部伝達関数の物理的特徴　　8
　　1.5.3　頭部伝達関数の再現による音像方向の再現　　8
　　1.5.4　左右方向の知覚の手掛かり　　9
　　1.5.5　前後上下方向の知覚の手掛かり　　9
　　1.5.6　方向知覚の生理的機構　　10
　　1.5.7　頭部伝達関数のモデル化　　10
　　1.5.8　頭部伝達関数の標準化　　11
　　1.5.9　頭部伝達関数の個人化　　11
　　1.5.10　頭部伝達関数の測定　　12
　　1.5.11　頭部伝達関数の数値計算　　12
　　1.5.12　方向決定帯域とスペクトラルキュー　　13
引用・参考文献……………………………………………………………14

## 2. 水平面の頭部伝達関数と方向知覚

2.1 水平面の頭部伝達関数 ･･････････････････････････････････････ 18
2.2 水平面の方向知覚 ････････････････････････････････････････ 19
 2.2.1 本人の頭部伝達関数による方向知覚　19
 2.2.2 他人の頭部伝達関数による方向知覚　21
2.3 左右方向の知覚の手掛かり ･･････････････････････････････････ 23
 2.3.1 両耳間時間差　23
 2.3.2 両耳間レベル差　25
2.4 コーン状の混同 ･･････････････････････････････････････････ 26
2.5 複数音源による合成音像 ････････････････････････････････････ 27
引用・参考文献 ･･････････････････････････････････････････････ 28

## 3. 正中面の頭部伝達関数と方向知覚

3.1 正中面の頭部伝達関数 ･････････････････････････････････････ 29
3.2 正中面の方向知覚 ････････････････････････････････････････ 30
 3.2.1 本人の頭部伝達関数による方向知覚　30
 3.2.2 他人の頭部伝達関数による方向知覚　32
 3.2.3 正中面の音像再生における3つの問題　34
3.3 前後上下方向の知覚の手掛かり ･･･････････････････････････････ 35
 3.3.1 スペクトラルキュー概観　35
 3.3.2 スペクトラルキュー詳細　37
3.4 正中面定位における両耳スペクトルの役割 ･････････････････････････ 43
3.5 スペクトラルキューの成因 ･･･････････････････････････････････ 46
 3.5.1 耳介の寄与　46
 3.5.2 ピークの成因　50
 3.5.3 ノッチの成因　53
3.6 頭部伝達関数の学習 ･･･････････････････････････････････････ 56

- 3.7 音源信号の知識……………………………………………………… 56
- 3.8 ノッチ検出の生理的機構……………………………………………… 58
- 3.9 頭 部 運 動…………………………………………………………… 58
- 引用・参考文献………………………………………………………………… 60

## 4. 頭部伝達関数の個人性

- 4.1 頭部伝達関数の個人差……………………………………………… 63
  - 4.1.1 振幅スペクトルの個人差　63
  - 4.1.2 スペクトラルキューの個人差　65
  - 4.1.3 両耳間時間差の個人差　67
  - 4.1.4 両耳間レベル差の個人差　68
- 4.2 耳介形状および頭部形状の個人差………………………………… 71
  - 4.2.1 耳介形状の個人差　71
  - 4.2.2 頭部形状の個人差　73
- 4.3 頭部伝達関数の標準化……………………………………………… 74
  - 4.3.1 ダミーヘッドの頭部伝達関数による方向知覚　74
  - 4.3.2 ロバストな頭部伝達関数による方向知覚　78
- 4.4 頭部伝達関数の個人化……………………………………………… 82
  - 4.4.1 振幅スペクトルの個人化　83
  - 4.4.2 両耳間時間差の個人化　95
  - 4.4.3 両耳間レベル差の個人化　98
  - 4.4.4 今後期待される展開　100
- 引用・参考文献………………………………………………………………… 100

## 5. 任意の3次元方向の頭部伝達関数と音像制御

- 5.1 頭部伝達関数の空間的な補間……………………………………… 104
- 5.2 矢状面間でのノッチとピークの類似性…………………………… 105

5.3 正中面頭部伝達関数と両耳間差による3次元音像制御･････････ 108
　5.3.1 実測正中面頭部伝達関数と両耳間差による3次元音像制御　108
　5.3.2 正中面パラメトリックHRTFと両耳間時間差による3次元音像制御　111
　5.3.3 正中面best-matching HRTFと両耳間時間差による3次元音像制御　113
5.4 矢状面間の合成音像････････････････････････････････････････ 116
引用・参考文献････････････････････････････････････････････････ 118

# 6. 方向決定帯域とスペクトラルキュー

6.1 方向決定帯域とは･･････････････････････････････････････････ 120
6.2 方向決定帯域の個人差･･････････････････････････････････････ 121
6.3 方向決定帯域の帯域幅･･････････････････････････････････････ 122
6.4 方向決定帯域とスペクトラルキューの関係･･････････････････ 123
引用・参考文献････････････････････････････････････････････････ 124

# 7. 距離知覚と頭部伝達関数

7.1 音源距離と音像距離････････････････････････････････････････ 125
7.2 音像距離に影響を及ぼす物理量･･････････････････････････････ 126
　7.2.1 音　圧　レ　ベ　ル　　126
　7.2.2 反射音の遅れ時間　　128
　7.2.3 入　射　方　向　　129
引用・参考文献････････････････････････････････････････････････ 138

# 8. 音声了解度と頭部伝達関数

8.1 両耳マスキングレベル差････････････････････････････････････ 139
8.2 入射方向が単語了解度に及ぼす影響･･････････････････････････ 140
引用・参考文献････････････････････････････････････････････････ 143

## 9. 頭部伝達関数の測定方法

- 9.1 測定システムの構成 ……………………………………………… *144*
- 9.2 測 定 用 信 号 ……………………………………………………… *145*
- 9.3 ス ピ ー カ ……………………………………………………… *148*
- 9.4 マイクロホン ……………………………………………………… *148*
- 9.5 被 験 者 ……………………………………………………… *149*
- 9.6 頭部伝達関数の算出方法 ………………………………………… *150*
- 9.7 短 時 間 測 定 法 …………………………………………………… *151*
- 引用・参考文献 ………………………………………………………… *152*

## 10. 頭部伝達関数の信号処理

- 10.1 両耳間時間差とレベル差の算出方法 …………………………… *153*
- 10.2 スペクトラルキューの抽出方法 ………………………………… *154*
- 10.3 頭部インパルス応答と音源信号の畳込み方法 ………………… *157*
  - 10.3.1 時間領域での処理　*157*
  - 10.3.2 周波数領域での処理　*161*
- 引用・参考文献 ………………………………………………………… *165*

## 11. 頭部伝達関数データベースの比較

- 11.1 おもな頭部伝達関数データベース ……………………………… *166*
- 11.2 スペクトラルキューの比較 ……………………………………… *167*
- 11.3 耳介形状の比較 …………………………………………………… *170*
- 引用・参考文献 ………………………………………………………… *173*

## 12. 3次元音響再生の原理

12.1 ヘッドホンによる耳入力信号の再現 …………………………… 174
   12.1.1 基 本 原 理　　*174*
   12.1.2 音像制御精度　　*180*
   12.1.3 動的手掛かりの導入　　*183*

12.2 2つのスピーカによる耳入力信号の再現 ……………………… 184
   12.2.1 基 本 原 理　　*184*
   12.2.2 音像制御精度　　*186*

引用・参考文献 ………………………………………………………… *190*

## 13. 3次元聴覚ディスプレイ

13.1 システム構成 ……………………………………………………… *191*
13.2 コンサートホールの音場シミュレーションへの応用 ………… *194*
13.3 防災放送の音場シミュレーションへの応用 …………………… *197*
13.4 音源方向探査システムへの応用 ………………………………… *200*
引用・参考文献 ………………………………………………………… *202*

## 付　　　録

A.1 実音源による方向知覚 …………………………………………… *203*
A.2 音波の伝達経路 …………………………………………………… *206*
A.3 第1波面の法則 …………………………………………………… *209*
A.4 室内音響の予測方法 ……………………………………………… *211*
A.5 フーリエ変換 ……………………………………………………… *214*
A.6 時　間　窓 ………………………………………………………… *218*
A.7 耳栓型マイクロホンの作成方法 ………………………………… *224*

A.8　96 kHz サンプリングによる頭部伝達関数 …………………………… *230*

引用・参考文献 ……………………………………………………………… *232*

あ と が き ………………………………………………………………… *233*

索　　　引 ………………………………………………………………… *235*

# 序　章

　ヒトはたった2つの耳で3次元空間の音の方向と距離を知覚している。幾何学的には，$n$次元空間における物体の位置を同定するには$n+1$個の観測点が必要である。位置（方向と距離）ではなく方向だけに議論を絞ったとしても，2つの観測点（両耳）で3次元空間の方向を同定することはできない。一体われわれは，何を手掛かりにして音の方向を知覚しているのだろうか。この素朴な問いが頭部伝達関数の研究の出発点である。

　音の方向を同定する簡単な方法として，例えば首を左右に振るなど，頭の向きを変えることが思い浮かぶ。音が正面から聴こえてくるように頭の向きを変えれば，その方向が音源方向である。しかし，ヒトは頭を動かすことなく音の方向を知覚できる。むしろ，音の方向を同定するために自発的に頭を動かすことはまれである[1],[†]。獲物のたてる音によってその方向を同定して捕獲するメンフクロウでさえ，頭を動かすことを手掛かりとはしていない[2]。

　ヒトが音の方向を知覚するうえで中心的な役割を果たしているのは**頭部伝達関数**（head-related transfer function, **HRTF**）である。普段われわれが聴いている音は否応なく頭部伝達関数の影響を受けている。日常生活において頭部伝達関数の影響を受けないのは（音波を外耳道入口に直接放射する）ヘッドホンやイヤホンによる受聴と（受話器を耳介に当てる）電話での通話ぐらいである。したがって，ヒトの方向知覚メカニズムを解き明かすうえで，頭部伝達関数の研究は必要不可欠といえる。

---

　　[†]　肩付番号は各章末の引用・参考文献を示す。

また,頭部伝達関数を応用した3次元音響システムにより,ある音場を時間と空間を超えて再現したり,任意の音場を生成したりすることが可能になる。つまり,高精度な音の**仮想現実**(virtual reality, **VR**)や**拡張現実**(augmented reality, **AR**)の実現が期待できる。

このように,聴覚の空間知覚の研究においても,3次元音響システムの開発においても,頭部伝達関数は重要な役割を担っている。それでは,頭部伝達関数の基礎から応用を巡る議論を始めよう。

## 1.1 頭部伝達関数とは

まず,頭部伝達関数を定義する。音波は鼓膜に届く直前に頭や耳介,あるいは胴体の影響を受ける。このような,頭部周辺による入射音波の物理特性の変化を周波数領域で表現したものを**頭部伝達関数**という。音源が受聴者の正面方向にある場合の頭部伝達関数の振幅特性を**図 1.1** に示す。ここで,縦軸の 0 dB は頭や耳介がない場合の音圧振幅である。±10 dB を超える特徴的な山(ピーク)や谷(ノッチ)がいくつか存在する。このように,入射音波の強さは周波数によっては 10 倍を超えたり 1/10 より小さくなったりする。人は,このようなピークとノッチの影響を受けた音を普段聴いているのである。

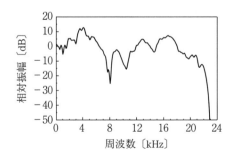

**図 1.1** 正面方向の頭部伝達関数の振幅特性の一例

頭部伝達関数 $H_{l,r}$ は式 (1.1) で定義される。

$$H_{l,r}(s, \alpha, \beta, r, \omega) = \frac{G_{l,r}(s, \alpha, \beta, r, \omega)}{F(\alpha, \beta, r, \omega)} \tag{1.1}$$

ここで，$G_{l,r}$ は自由音場における音源から受聴者の左右の外耳道入口もしくは鼓膜までの伝達関数†，$F$ は自由音場における受聴者がいない状態での音源から受聴者の頭部中心に相当する位置までの伝達関数である。添え字 l, r は耳の左右，$s$ は受聴者，$\alpha$ は音源の側方角，$\beta$ は上昇角，$r$ は距離，$\omega$ は角周波数をそれぞれ表す。ただし，距離 $r$ は 1 m を超えると頭部伝達関数には影響しない[5]。つまり，頭部伝達関数は，自由音場を基準として，受聴者の頭や耳介などの存在によって生じる音圧の変化を周波数の関数として表したものである。したがって，頭部伝達関数の相対振幅が正であることは，頭や耳介の存在によって自由音場と比較して音圧振幅が増大し，逆に負であることは減少することを意味する。なお，頭部伝達関数の位相特性については，両耳間の相対的な位相差さえ保たれていれば方向知覚において重要ではないことが示されているため[6]，本書では扱わない。

頭部伝達関数は音波の入射方向により異なる。それは頭部や耳介の形状が前後左右上下のいずれについても非対称であるからである。この入射方向依存性を手掛かりとして，ヒトは音の方向を知覚している。その詳細については3章で詳しく述べる。また，入射方向が同じでも，受聴者の頭部や耳介の形状によって頭部伝達関数は異なる。3次元音響再生の実用化にとって，この個人依存性が大きな壁となって立ちはだかるのであるが，その詳細と解決への取組みについては4章で詳しく述べる。

## 1.2 頭部伝達関数と頭部インパルス応答

先に述べたように，頭部伝達関数は頭部による音波の物理特性の変化を周波数領域で表したものであるが，時間領域で表現したほうが便利な場合もある。

---

† 頭部伝達関数の定義において，観測点を外耳道入口ではなく鼓膜位置とする考え方もある[3]。しかし，頭部伝達関数を測定する際にマイクロホンを鼓膜の直前に設置することは技術的に困難であり，また，外耳道内の伝達関数は入射方向に依存しないので[4]，閉塞した外耳道入口で定義されることが多い。

なお，時間領域で表現したものを**頭部インパルス応答**（head-related impulse response, **HRIR**）という。頭部伝達関数と頭部インパルス応答はフーリエ変換対の関係にある。

式 (1.1) で頭部伝達関数を定義したが，実際には式 (1.2) のように，頭部インパルス応答を測定し，それをフーリエ変換によって求めることが多い。

$$H_{l,r}(s,\alpha,\beta,r,\omega) = \frac{\mathcal{F}[g_{l,r}(s,\alpha,\beta,r,t)]}{\mathcal{F}[f(\alpha,\beta,r,t)]} \tag{1.2}$$

ここで，$g_{l,r}$ は自由音場における音源から受聴者の左右の外耳道入口もしくは鼓膜までのインパルス応答，$f$ は自由音場における受聴者がいない状態での音源から受聴者の頭部中心に相当する位置までのインパルス応答，$\mathcal{F}$ はフーリエ変換である。

音源が受聴者の正面方向にある場合の頭部インパルス応答を**図 1.2** に示す。入射方向にもよるが，応答はおおよそ 2 〜 3 ms 以内で収束する。

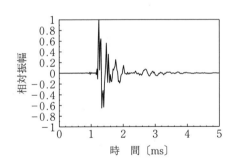

**図 1.2** 正面方向の頭部インパルス応答の一例

## 1.3 音源と音像

つぎに音像の概念を説明する。**音源**（sound source）から発せられた音波が鼓膜に到達すると，ヒトにはさまざまな感覚が生まれる。音波によりヒトが知覚したものの総体を**音像**（sound image）あるいは**聴覚事象**（auditory event）という。音源は物理的な存在であるが，音像は知覚現象により生じる心理的な存在である。音像には，時間的性質（残響感，リズム感，持続感など），空間

的性質(方向感,距離感,広がり感など),質的性質(大きさ,高さ,音色など)があるが,音像の空間的な位置,すなわち音像の方向と距離を知覚することを**音像定位**(sound image localization)という。

日常生活では音源の位置に音像を定位することが多いが,つねに音源位置に音像を定位するとは限らない。例えば狭帯域信号に対しては,音源が前方にあるのに後方に定位したり,逆に後方の音源を前方に定位したりすることがある。また,音源方向に関わらず特定の方向にしか知覚しない場合もある。音像の距離についても実際の音源距離とは異なることがある。これらの現象については3,6,7章で詳しく述べる。

一方,仮想現実や拡張現実のように,意図的に音源とは異なる位置に音像を定位させる場合もある。例えば,ヘッドホンを用いた3次元音響再生システムでは,物理的な音源位置は左右の耳の近傍であるが,音像を3次元空間の任意の位置に生じさせることを目的としている。

## 1.4 座 標 系

座標系についても説明しておこう。読者には,**図 1.3** に示す**方位角**(azimuth) $\phi$ と**仰角**(elevation)$\theta$ を用いる**球座標系**(spherical-coordinate system)が馴染み深いと思われる(地球儀の経度が方位角,緯度が仰角に対応する)。

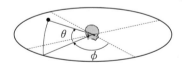

**図 1.3** 球座標系

しかし,方位角と仰角は聴覚の方向知覚メカニズムとは良く対応しない。聴覚の方向知覚メカニズムは,左右方向の知覚と前後上下方向の知覚で異なり(2,3章参照),これらと対応の良い座標系を用いるのが妥当である。そこで,本書では**図 1.4** に示す**耳軸座標系**(interaural-polar-axis coordinate system)をおもに用いる。

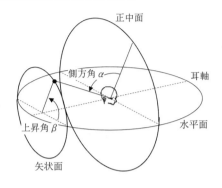

図 1.4 耳軸座標系

この座標系はつぎのように定義される。**原点**（origin）は左右の外耳道入口を結ぶ線分の中点である。**水平面**（horizontal plane）は右眼窩点と左右の耳珠を含む平面で（フランクフルト水平面ともいう），**横断面**（transverse plane）は左右の外耳道入口を通り水平面に直交する面である。**正中面**（median plane）は水平面と横断面の両方に直交する面（ヒトを左右に 2 等分する面）である。また，正中面に平行な任意の面を**矢状面**（sagittal plane）と呼ぶ。

耳軸座標系では，音源方向を**側方角**（lateral angle）$\alpha$ と**上昇角**（rising angle）$\beta$ により表す。側方角は音源と原点を結ぶ直線が**耳軸**（aural axis）となす角の余角である。耳軸は左右の外耳道入口を通る直線である。一方，上昇角は音源を通る矢状面内における仰角である。図 1.5 に側方角が 0°，30°，60°の矢状面において上昇角が 0～180°（30°間隔）の点を示す。

このように耳軸座標系では，音源が正中面からどれだけ側方にずれた矢状面

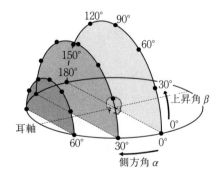

図 1.5 矢状面内の点の例

内にあるのか（側方角）という観点と，その矢状面内でどれだけ上昇した方向にあるのか（上昇角）という観点から方向を定義する。例として，レモンの輪切りを思い浮かべればわかりやすいであろう。側方角は，音源方向がどの輪切りに含まれているのかを表し，上昇角はその輪切りの中における角度を表す。

ただし，水平面においては，側方角と上昇角の組合せで表現するより，方位角を用いて0〜360°で表現するほうがシンプルかつ直感的である。例えば，図1.5の水平面の右半分を30°間隔で耳軸座標系 $(\alpha, \beta)$ で表すと $(0°, 0°)$, $(30°, 0°)$, $(60°, 0°)$, $(90°, 0°)$, $(60°, 180°)$, $(30°, 180°)$, $(0°, 180°)$ となるが，球座標系 $(\phi, \theta)$ ではシンプルに $(0°, 0°)$, $(30°, 0°)$, $(60°, 0°)$, $(90°, 0°)$, $(120°, 0°)$, $(150°, 0°)$, $(180°, 0°)$ と表される。本書では，水平面については方位角で表現する。

なお，側方角 $\alpha$ および上昇角 $\beta$ は，方位角 $\phi$ および仰角 $\theta$ と式(1.3)および式(1.4)の関係にある。例えば，方位角が30°で仰角が45°の方向に対応する側方角および上昇角は20.7°および49.1°となる。

$$\alpha = 90 - \cos^{-1}(\sin\phi\cos\theta) \ [°] \tag{1.3}$$

$$\beta = \sin^{-1}\frac{\sin\theta}{\sqrt{\sin^2\theta + \cos^2\phi\cos^2\theta}} \ [°] \tag{1.4}$$

## 1.5　頭部伝達関数の研究略史——現在の到達点と課題——

頭部伝達関数に関する初期の論文は1940年代にみられるが，1960年代から活発に研究が進められるようになった。それから約50年の間に飛躍的な発展を遂げた。序章の最後に，執筆時点（2016年）における頭部伝達関数と方向知覚に関する研究の到達点と解決すべき課題をまとめる。

### 1.5.1　頭部伝達関数の概念

そもそも頭部伝達関数の概念はいつ頃生まれたのだろうか？　筆者の知る範囲で最も早い頭部伝達関数の報告は1946年のWiener and Rossによるもの[7]で

ある。彼らはプローブマイクロホンを用いて，水平面の45°間隔の頭部伝達関数を200 Hzから6 000 Hzまで測定している。ただし，当時は頭部伝達関数という明確な語は用いられておらず，"diffraction around the human head"と記されている。"頭部伝達関数（当時は頭部回折伝達関数）"および"head-related transfer function"を最初に用いたのは，それぞれ1973年の森本ほか[8]および1980年のMorimoto and Ando[9]とみられる。

### 1.5.2 頭部伝達関数の物理的特徴

1.1節で述べたように，正面方向の頭部伝達関数には±10 dBを超える特徴的なピークやノッチがいくつか存在する。側方の音源に対しては，音源の反対側の耳では頭部伝達関数は平坦になり，両耳間のレベル差が増大する。真横での両耳間のレベル差は周波数によっては20 dBを超える。音源が正面から上方になるに従ってノッチの周波数が高くなる。しかし，ピークの周波数は変化しない[10]~[12]。

ノッチとピークは耳介で生成される。ノッチ周波数では耳甲介舟と三角窩に腹が生じ，耳甲介腔に節が生じる[13]。ピークは耳介の固有振動と考えられる[14]。耳甲介腔を粘土などで埋めるとノッチとピークは消滅し[15]，音像の前後誤判定が増加する[16]~[18]。また，ノッチ周波数には耳介の形状や寸法に起因する個人差がある[19]~[20]。

### 1.5.3 頭部伝達関数の再現による音像方向の再現

受聴者本人の頭部伝達関数を再現することにより音像方向を再現できる。Morimoto and Ando[9]は無響室内の2つのスピーカによるトランスオーラルシステム（詳細は12.2節参照）再生により，Wightman and Kistler[21],[22]はプローブマイクロホンによる再生系伝達関数補正を施したヘッドホン再生により，頭部伝達関数を再現することで音像方向を再現できることを実証した。ただし，他人の頭部伝達関数では頻繁に音像の前後誤判定や上昇，頭内定位などが発生する。

その後，ヘッドホン再生では Møller et al.[23),24)] による理論的整備によって，危険を伴うプローブマイクロホンを用いた鼓膜位置での再現と等価な信号が小型マイクロホンを用いた外耳道入口での再現により得られるようになった。

### 1.5.4 左右方向の知覚の手掛かり

頭部伝達関数により生じる両耳間時間差，両耳間レベル差が左右方向の知覚の手掛かりであることは，頭部伝達関数の本格的な研究が開始される前の1900年前後には知られていた[25),26)]。その後1960年代になって，両耳間時間差およびレベル差と音像の左右方向との定量的関係，すなわち両耳間時間差が約1 ms，両耳間レベル差が約10 dB（広帯域ノイズの場合）で音像を真横に知覚し，その間はほぼ線形に音像方向が推移することが示された[27),28)]。

### 1.5.5 前後上下方向の知覚の手掛かり

1970年代以降，前後上下方向の知覚の手掛かりを巡って多くの研究が進められた。その結果，手掛かりは頭部伝達関数の振幅周波数特性にあり（スペクトラルキュー），特に5 kHz以上のノッチとピークが重要であることが解明されている[11),17),29)~31)]。また，それらの微細構造よりも，むしろ概形が重要であることも報告されている[32)~37)]。どのノッチやピークが具体的な手掛かりなのかについて初めて言及したのはHebrank and Wright[29)]である。しかし，彼らが主張した手掛かりは狭帯域信号を用いて求めたもので，音声や音楽などの広帯域信号では機能しないことが後に判明した[38)]。一方，1.5.7項で述べるパラメトリックHRTFを用いた実験により，「4 kHz以上で最も周波数の低い2つのノッチ（N1，N2）が重要な手掛かりである」という説も唱えられている[12),20)]。

もう1つの前後方向の知覚の手掛かりとして，頭部運動が報告されている[39)~42)]。例えば，音像の前後方向が不確かな際，頭を右に回転させて音像が左に移動すれば音源は前方にあると判断できる。しかし，ヒトが音の方向を確認するために自発的に頭を動かすことはまれであり[1)]，ヒトが実際にこの手掛かりを使っているとは考えにくい。

### 1.5.6 方向知覚の生理的機構

内耳から大脳皮質の1次聴覚野に至る伝達経路の上オリーブ内側核と外側核に，それぞれ両耳信号の時間差算出機能とレベル差算出機能が存在する。

ネコを用いた実験により，背側蝸牛神経核（dorsal cochlear nucleus, DCN）が頭部伝達関数のノッチを識別すること，さらに DCN のタイプ IV ニューロンが，ノッチの中心周波数ではなく，ノッチの高域側のエッジを抽出することが明らかになっている[43]。

また，ヒトの上昇角知覚モデルにおいても，このようなノッチの高域側のエッジ抽出機能は，さまざまなスペクトルを持つ音源信号に対するロバスト性の観点から重要であることが示されている[44]。

### 1.5.7 頭部伝達関数のモデル化

頭部伝達関数を数学的あるいは物理的にモデル化する研究も進められている。その1つとして，**PCA**（principal component analysis）モデルが提案されている[45),46]。PCA は頭部伝達関数の振幅特性をいくつかの周波数軸上の関数（principal component）の重ね合わせで表現したものである。数学的には美しいモデルであるが，少数の principal component ではノッチやピークを再現することができないという問題がある。

一方，ノッチとピークに着目したパラメトリック HRTF モデルも提案されている[12]。パラメトリック HRTF は，音源の上昇角に依存しない 4 kHz のピークを下限周波数として，頭部伝達関数を複数のノッチとピークに分解し，その一部もしくは全部で再構成したものである。ノッチとピークに周波数の低い順に P1，N1，P2，N2，…のようにラベルをつけ，それぞれ中心周波数，レベル，先鋭度で表す。パラメトリック HRTF を用いた正中面音像定位実験で，N1，N2，P1，P2 の4つを再現すると元の頭部伝達関数と同等の定位精度が得られることが報告されている[12),38]。

### 1.5.8 頭部伝達関数の標準化

頭部伝達関数には個人差がある。頭部伝達関数を利用した音像制御や音場再生が長い研究の歴史を持つにも関わらず，真の意味で実用化に至らない最大の理由は頭部伝達関数の個人差を克服できていないことにある。現時点の「特定の受聴者にしか実感できない3次元音響」を「誰にでも実感できる3次元音響」に進化させる必要がある。

個人差を解決する方法の1つとして，頭部伝達関数を標準化する取組みがある。それをハードウェアとして実現したものが**ダミーヘッド**（dummy head, 擬似頭）である。これまで多くの種類のダミーヘッドが開発されている。例えばKEMAR（knowles electric manikin for acoustic research）は多数の成人の頭部，耳介，胴体の寸法を計測し，その中央値を用いて作成された[47]。しかし，たまたま中央値に近い耳介を持つ受聴者を除いた多くの受聴者では，音像の前後誤判定や上昇，頭内定位などが発生する。つまり，標準頭部伝達関数は個人差を解決することに成功しているとはいえない。

### 1.5.9 頭部伝達関数の個人化

標準化と対極の解決策が頭部伝達関数の個人化，すなわち個々の受聴者に適した頭部伝達関数の提供である。

これまでに頭部伝達関数の振幅スペクトルの個人化方法として

① 受聴者の耳介形状に近い耳の頭部伝達関数を用いる方法[48]
② 標準的な頭部伝達関数を受聴者の耳介形状に応じて周波数軸上で伸縮（scaling）する方法[35]
③ 受聴者の耳介形状からPCAにより頭部伝達関数を合成する方法[45],[46]
④ 受聴者の耳介形状からスペクトラルキューを推定し，それに近い頭部伝達関数（best-matching HRTF）を用いる方法[20]
⑤ 試聴により頭部伝達関数を選出する方法[49],[50]

などが提案されている。しかし，いずれの方法も個人化を実用化するうえで解決すべき課題が残されており，今後の研究の進展が期待される。

### 1.5.10 頭部伝達関数の測定

現時点で頭部伝達関数を得る最も確実な方法は無響室での測定である。無響室に被験者もしくはダミーヘッドを座らせて，式 (1.1) もしくは式 (1.2) により測定する。しかし，これまで2つの大きな課題があった。

その1つは，高い SN 比で測定することである。これを解決するために測定用信号の研究が進められ，M 系列信号や swept-sine 信号[51]が開発された。現在は swept-sine 信号が主流となっており，無響室での測定においては SN 比の問題はほぼ解決されたといってよい。

もう1つの課題は，さまざまな方向の頭部伝達関数を短時間で測定することである。この課題を解決するため，被験者を等速で回転させながら測定する連続測定法[52]などが開発されている。また，音源と受音点の位置を入れ換える相反則，つまり音源を外耳道入口に置き，受音点をさまざまな音源方向に置く方法も提案されている[53]。相反則を利用して多数のマイクロホンを本来の音源方向に設置すれば，一度で多くの方向の頭部伝達関数が測定できる。しかし，その実用化には SN 比の改善など解決すべき課題が残されている。

### 1.5.11 頭部伝達関数の数値計算

21世紀に入ると，頭部および耳介形状の3次元モデルを作成し，**BEM** (boundary element method) で頭部伝達関数を算出することが可能になった[54]〜[56]。また，BEM よりも演算速度の早い **FDTD** (finite-difference time-domain) 法も提案されている[57],[58]。このような数値計算手法の発展により，頭部伝達関数の生成メカニズムの解明が飛躍的に進んだ。しかし，頭部および耳介形状のモデリングのために特殊な装置（磁気共鳴画像法（MRI）など）が必要であり，現時点では特定の受聴者にしか適用できない。一般の受聴者の頭部伝達関数を算出するには耳介形状を簡単にモデリングする方法を開発する必要がある。

### 1.5.12 方向決定帯域とスペクトラルキュー

Blauertは，1/3オクターブバンドノイズを用いた実験により，正中面の前方，上方，後方のどの方向から提示しても特定の方向に知覚する帯域があることを発見し，これを**方向決定帯域**（directional band）と呼んだ[59]。前方の方向決定帯域は4 kHz，上方は8 kHz，後方は1.25 kHz，10 kHz，12.5 kHzを中心周波数とする1/3オクターブバンドである。方向決定帯域が生じる方向の頭部伝達関数のその帯域のレベルは，ほかの方向の帯域レベルよりも大きいことから（boosted bandと呼ばれる），狭帯域信号の方向知覚は頭部伝達関数のピークに支配されると考えることができる。また，方向決定帯域は，純音であっても，同じ方向に知覚するいくつかの連続した方向決定帯域を連結したものであっても生じる[60]。

しかし，広帯域信号に対して方向決定帯域に相当するスペクトルのエネルギーを卓越させても，その方向に音像を知覚することはない。広帯域信号において上方の方向決定帯域だけを卓越させて，正面もしくは後ろに設置したスピーカから提示すると，ある増加量（+18 dB程度）まではスピーカの方向に1つの音像を知覚し，それを超えるとこの帯域だけが空間的に分離して上方に知覚し，ほかの帯域は正面もしくは後ろのスピーカの方向に知覚するという現象が生じる[61]。

この耳入力信号は，ノッチとしては提示方向の情報を持ち，卓越周波数帯域としては上方の情報を持っている。したがって，上昇角知覚のスペクトラルキューとしては，ノッチは卓越周波数帯域より強く機能すると考えられる。

Middlebrooksは「聴覚システムは耳介による方向情報フィルタの知識を持ち，音像は耳入力信号が最もフィットするフィルタの方向に生じる」という仮説を提案している[33]。これと上記の結果と併せて考えると「上昇角知覚において，聴覚システムは耳入力信号と頭部伝達関数のスペクトルの知識との照合を行うが，ノッチ周波数をより強い手掛かりとして利用し，これが使えない場合（狭帯域信号など）は卓越帯域を利用する」と考えるのが妥当であろう。

# 引用・参考文献

1) R. Nojima, M. Morimoto, H. Sato, and H. Sato：Do spontaneous head movements occur during sound localization?, J. Acoust. Sci. & Tech. **34**, pp.292–295（2013）
2) 小西正一：フクロウの音源定位の脳機構，科学，**60**, pp.18–28（1990）
3) F. L. Wightman and D. J. Kistler：Headphone simulation of free-field listening. I：Stimulus synthesis, J. Acoust. Soc. Am., **85**, pp.858–867（1989）
4) H. Møller：Fundamentals of binaural technology, Applied Acoustics **36**, pp.171–218（1992）
5) 森本政之，定連直樹，安藤四一，前川純一：頭部音響伝達関数について，日本音響学会聴覚研究会資料，H-31-1（1976）
6) A. Kulkarni, S. K. Isabelle, and H. S. Colburn：Sensitivity of human subjects to head-related transfer-function phase spectra, J. Acoust. Soc. Am., **105**, pp.2821–2840（1999）
7) F. M. Wiener and D. A. Ross：The pressure distribution in the auditory canal in a progressive sound field, J. Acoust. Soc. Am., **18**, pp.401–408（1946）
8) 森本政之，安藤四一，前川純一：耳の音響中心に関する理論的考察，日本音響学会講演論文集，pp.151–152（1973.10）
9) M. Morimoto and Y. Ando：On the simulation of sound localization, J. Acoust. Soc. Jpn.（E）, **1**, pp.167–174（1980）
10) E. A. G. Shaw and R. Teranishi：Sound pressure generated in an external-ear replica and real human ears by a nearby point source, J. Acoust. Soc. Am., **44**, pp.240–249（1968）
11) A. Butler and K. Belendiuk：Spectral cues utilized in the localization of sound in the median sagittal plane, J. Acoust. Soc. Am., **61**, pp.1264–1269（1977）
12) K. Iida, M. Itoh, A. Itagaki, and M. Morimoto：Median plane localization using parametric model of the head-related transfer function based on spectral cues, Appl. Acoust. **68**, pp.835–850（2007）
13) H. Takemoto, P. Mokhtari, H. Kato, R. Nishimura, and K. Iida：Mechanism for generating peaks and notches of head-related transfer functions in the median plane, J. Acoust. Soc. Am., **132**, pp.3832–3841（2012）
14) E. A. G. Shaw：Acoustical features of the human external ear, Binaural and spatial hearing in real and virtual environments Edited by R. H. Gilkey and T. R. Anderson（Erlbaum, Mahwah, New Jersey）, pp.25–47（1997）
15) K. Iida, M. Yairi, and M. Morimoto：Role of pinna cavities in median plane localization, 16th International Congress on Acoustics（Seattle）, pp.845–846（1998）

16) M. B. Gardner and R. O. S. Gardner : Problem of localization in the median plane : effect of pinnae cavity occlusion, J. Acoust. Soc. Am., **53**, pp.400-408 (1973)
17) A. D. Musicant and R. A. Butler : The influence of pinnae-based spectral cues on sound localization, J. Acoust. Soc. Am., **75**, pp.1195-1200 (1984)
18) K. Iida, M. Yairi, and M. Morimoto : Role of pinna cavities in median plane localization, 16th International Congress on Acoustics (Seattle), pp.845-846 (1998)
19) V. C. Raykar, and R. Duraiswami, and B. Yegnanarayana : Extracting the frequencies of the pinna spectral notches in measured head related impulse responses, J. Acoust. Soc. Am., **118**, pp.364-374 (2005)
20) K. Iida, Y. Ishii, and S. Nishioka : Personalization of head-related transfer functions in the median plane based on the anthropometry of the listener's pinnae, J Acoust. Soc. Am., **136**, pp.317-333 (2014)
21) F. L. Wightman and D. J. Kistler : Headphone simulation of free-field listening. I : Stimulus synthesis, J. Acoust. Soc. Am., **85**, pp.858-867 (1989)
22) F. L. Wightman and D. J. Kistler : Headphone simulation of free-field listening. II : Psychophysical validation, J. Acoust. Soc. Am., **85**, pp.868-878 (1989)
23) H. Møller, D. Hammershøi, C. B. Jensen, and M. F. Sørensen : Transfer characteristics of headphones measured on human ears, J. Audio Eng. Soc., **43**, pp.203-217 (1995)
24) H. Møller, M. F. Sørensen, D. Hammershøi, and C. B. Jensen : Head-related transfer functions of human subjects, J. Audio Eng. Soc., **43**, pp.300-321 (1995)
25) Lord Rayleigh : Acoustical observations, Phil. Mag. **3**, 6th series, pp.456-464 (1877)
26) Lord Rayleigh : On our perception of sound direction, Phil. Mag. **13**, 6th series, pp.214-232 (1907)
27) B. M. Sayers : Acoustic-image lateralization judgement with binaural tones, J. Acoust. Soc. Am., **36**, pp.923-926 (1964)
28) F. E. Toole and B. M. Sayers : Lateralization judgements and the nature of binaural acoustic images, J. Acoust. Soc. Am., **37**, pp.319-324 (1965)
29) J. Hebrank and D. Wright : Spectral cues used in the localization of sound sources on the median plane, J. Acoust. Soc. Am., **56**, pp.1829-1834 (1974)
30) 森本政之, 斉藤明博：音の正中面定位について：刺激の周波数範囲と強さの影響について，日本音響学会聴覚研究会資料，H-40-1 (1977)
31) S. Mehrgardt and V. Mellert : Transformation characteristics of the external human ear, J. Acoust. Soc. Am. **61**, pp.1567-1576 (1977)
32) F. Asano, Y. Suzuki, and T. Sone : Role of spectral cues in median plane localization, J. Acoust. Soc. Am., **88**, pp.159-168 (1990)
33) J. C. Middlebrooks : Narrow-band sound localization related to external ear acoustics, J. Acoust. Soc. Am., **92**, pp.2607-2624 (1992)

34) A. Kulkarni and H. S. Colburn：Role of spectral detail in sound-source localization, Nature, **396**, pp.747-749（1998）
35) J. C. Middrebrooks：Individual differences in external-ear transfer functions reduced by scaling in frequency, J. Acoust. Soc. Am., **106**, pp.1480-1492（1999）
36) E. H. A. Langendijk and A. W. Bronkhorst：Contribution of spectral cues to human sound localization, J. Acoust. Soc. Am., **112**, pp.1583-1596（2002）
37) E. A. Macpherson and A. T. Sabin：Vertical-plane sound localization with distorted spectral cues, Hearing Research, **306**, pp.76-92（2013）
38) 飯田一博，石井要次：頭部伝達関数の第2ピークが正中面上方の音像定位に及ぼす影響，日本音響学会電気音響研究会資料，EA2016-1（2016）
39) W. R. Thurlow and P. S. Runge：Effect of induced head movements on localization of direction of sounds, J. Acoust. Soc. Am., **42**, pp.480-487（1967）
40) S. Perrett and W. Noble：The effect of head rotations on vertical plane sound localization, J. Acoust. Soc. Am., **104**, pp.2325-2332（1997）
41) M. Kato, H. Uematsu, M. Kashio, and T. Hirahara：The effect of head motion on the accuracy of sound localization, Acoust. Sci. & Tech., **24**, pp.315-317（2003）
42) Y. Iwaya, Y. Suzuki, and D. Kimura：Effects of head movement on front-back error in sound localization, Acoust. Sci. & Tech., **24**, pp.322-324（2003）
43) L. A. J. Reiss and E. D. Young：Spectral edge sensitivity in neural circuits of the dorsal cochlear nucleus, J. Neuroscience, **25**, pp.3680-3691（2005）
44) R. Baumgartner, P. Majdak, and B. Laback：Modeling sound-source localization in sagittal planes for human listeners, J.Acoust.Soc.Am., **136**, pp.791-802（2014）
45) D. J. Kistler and F. L. Wightman：A model of head-related transfer functions based on principal components analysis and minimum-phase reconstruction, J. Acoust. Soc. Am., **91**, pp.1637-1647（1992）
46) J. C. Middlebrooks and D. M. Green：Observations on a principal components analysis of head-related transfer functions J. Acoust. Soc. Am., **92**, pp.597-599（1992）
47) M. D. Burkhard and R. M. Sachs：Anthropometric manikin for acoustic research, J. Acoust. Soc. Am., **58**, pp.214-222（1975）
48) D. N. Zotkin, J. Hwang, R. Duraiswami, and L. S. Davis：HRTF Personalization using anthropometric measurements, IEEE Workshop on Applications of Signal Processing to Audio and Acoustics（2003）
49) B. U. Seeber and H. Fastl：Subjective selection of non-indivisual head-related transfer functions, Proceedings of the 2003 International Conference on Auditory Display, Boston, MA, USA（2003）
50) Y. Iwaya：Individualization of head-related transter functions with tournament-style listening test：Listening with other's ears, Acoust. Sci. & Tech., **27**, pp.340-

343 (2006)
51) 飯田一博：音響工学基礎論, pp.147-149, コロナ社 (2012)
52) 福留公利, 竹之内和樹, 田代勇輔, 立石義文：仰角制御アームとサーボ回転椅子を用いた連続測定法によ短時間 HRIR 計測, 信学技報, EA2005-75 (2005)
53) D. N. Zotkin, R. Duraiswami, E. Grassi, and N. A. Gumerov：Fast head-related transfer function measurement via reciprocity, J. Acoust. Soc. Am., **120**, pp.2202-2215 (2006)
54) B. F. G. Katz：Boundary element method calculation of individual head-related transfer function. I. Rigid model calculation, J. Acoust. Soc. Am., **110**, pp.2440-2448 (2001)
55) M. Otani and S. Ise：A fast calculation method of the head-related transfer functions for multiple source points based on the boundary element method, Acoust. Sci. & Tech., **24**, pp.259-266 (2003)
56) Y. Kahana and P. A. Nelson：Numerical modelling of the spatial acoustic response of the human pinna, J. Sound and Vibration, **292**, pp.148-178 (2006)
57) T. Xiao and Q. H. Liua：Finite difference computation of head-related transfer function for human hearing, J. Acoust. Soc. Am. **113**, 5, pp.2434-2441 (2003)
58) P. Mokhtari, H. Takemoto, R. Nishimura, and H. Kato：Comparison of simulated and measured HRTFs：FDTD simulation using MRI head data, 123rd Audio Engineering Society (AES) Convention, New York, Preprint No.7240, pp.1-12 (2007)
59) J. Blauert：Sound localization in the median plane, ACUSTICA, **22**, pp.205-213 (1969/70)
60) 船岡宗哉, 飯田一博：方向決定帯域の帯域幅の伸縮が知覚方向に及ぼす影響, 日本音響学会講演論文集, pp.773-776 (2014.9)
61) 竹内彩乃, 石井要次, 飯田一博：方向決定帯域を卓越させた広帯域信号による音像定位, 日本音響学会講演論文集, 2-1-6 (2017.3)

# 2 水平面の頭部伝達関数と方向知覚

音源が水平面内にある場合について,頭部伝達関数の物理特性および頭部伝達関数を再現することによる方向知覚について解説する。さらに,頭部伝達関数に含まれている左右方向の知覚の手掛かりについて述べる。

## 2.1 水平面の頭部伝達関数

水平面内で正面(方位角0°)から後ろ(180°)までを30°間隔で測定した頭部伝達関数の振幅特性を**図 2.1**に示す。実線は音源側の右耳,点線は音源と反対側の左耳での伝達関数である。縦軸の1目盛りは10 dBであり,グラフが重ならないように方位角ごとに40 dBずらして描いている。破線は各方位角の頭部伝達関数の0 dBを表している。

図 2.1 よりつぎのことが読みとれる。

① 音源側の耳ではノッチやピークが明確である。ピークは10 dBを超え,ノッチは−20 dBに達するものもある。ピーク周波数は音源の方位角に依存せずほぼ一定であるが,ノッチ周波数は前方,側方,後方になるにつれ,高い周波数に移る傾向がある。

② 音源と反対側の耳では,音源が側方になるとスペクトル形状が平坦になる。これは耳介の影響が小さくなるためであると考えられる。

③ 両耳のレベル差は側方で増大し,周波数によっては30 dBを超える。

④ 正面や真後ろにおいても,必ずしも左右で等しくはない。これは頭部や耳介の形状が左右対称ではないことによると考えられる。

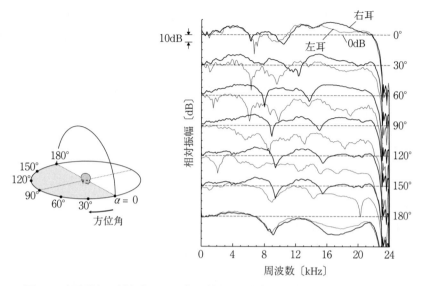

**図 2.1** 水平面内の音源（0 〜 180°）に対する頭部伝達関数の振幅特性の測定例。実線は右耳，点線は左耳。

このように，音源の方位角により頭部伝達関数の振幅スペクトルは変化し，両耳間のレベル差も変化する。

## 2.2 水平面の方向知覚

### 2.2.1 本人の頭部伝達関数による方向知覚

音の入射方向の情報は頭部伝達関数にしか存在しないので，原理的には，本人の頭部伝達関数を外耳道入口に再現すれば，実音源と同様の音像方向を再現できるはずである。ここでは，2種類の再生方法（ヘッドホンおよびトランスオーラルシステム）による実験結果を紹介する。

〔1〕 **ヘッドホン再生**

プローブマイクロホンを用いて鼓膜の直近で本人の頭部伝達関数を再現することにより，音像方向を再現できることが実証されている[1]。しかし，この方法は危険を伴うため，実用に適さないだけでなく，研究者にも取扱いが難し

い。その後,測定が容易な閉塞した外耳道入口での頭部伝達関数から,通常の受聴状態である開放した外耳道入口での頭部伝達関数を再現できる条件および信号処理方法が提案された(詳細は 12.1 節参照)[2),3)]。これによって,研究レベルではヘッドホンで容易に頭部伝達関数を再現できるようになった。

この方法を用いた音像定位実験の結果を**図 2.2**に示す。横軸は再現した水平面の頭部伝達関数の方位角(0 〜 330°,30°間隔)であり(以降,目標方向と呼ぶ),縦軸は被験者が知覚した方位角である。音源信号は 200 Hz 〜 17 kHz の白色雑音であり,被験者は 20 歳代男性 3 名(A,B,C)である。

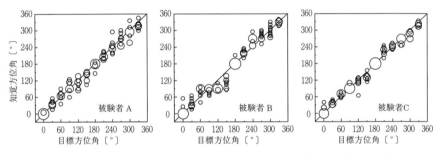

**図 2.2** ヘッドホンを用いた 3 名の被験者(A,B,C)本人の頭部伝達関数の再現による水平面内の方向知覚。円の半径は回答の度数に比例。

ややばらつきは見られるものの,回答は左下から右上への対角線上に分布している。つまり,本人の頭部伝達関数を再現すれば,受聴者は目標方向に音像を知覚する。

〔2〕 **トランスオーラル再生**

2 個のスピーカとディジタルフィルタマトリクスを用いた**トランスオーラルシステム**(transaural system,詳細は 12.2 節参照)により,本人の水平面の頭部伝達関数を被験者の外耳道入口に再現し[†],これに対して被験者が知覚した方位角を**図 2.3**に示す[4)]。実験は無響室で行われ,音源信号は白色雑音で,

---

[†] この実験では被験者の頭部は治具で固定されていたことに注意が必要である。12.2 節で詳しく述べるが,トランスオーラルシステムでこのような高い制御精度を得るには,いくつかの満たすべき条件がある。研究に用いる実験ツールとしては,現在でも取扱いが難しく,ヘッドホンを用いる場合が多い。

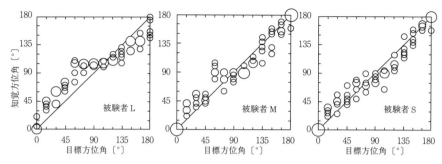

**図 2.3** トランスオーラルシステムを用いた3名の被験者（L，M，S）本人の頭部伝達関数の再現による水平面内の方向知覚[4]。円の面積は回答の度数に比例。

被験者は20歳代男性3名（L，M，S）である。目標方向は水平面内0〜180°の12方向（15°間隔）である。

被験者Lで目標方向よりも側方寄りに回答する傾向が見られるものの，いずれの被験者の回答もほぼ対角線上に分布している。つまり，被験者は再現された本人の頭部伝達関数の方向に音像を知覚している。

このように，ヘッドホン再生にせよトランスオーラル再生にせよ，本人の頭部伝達関数を正確に再現すれば，水平面の音像方向を再現できる。

### 2.2.2　他人の頭部伝達関数による方向知覚

本人の頭部伝達関数を得るのは簡単ではない（この問題は4章で詳しく述べる）。したがって，実用的観点からは，他人の頭部伝達関数でどのような方向に音像を知覚するのかという点に関心が集まる。

トランスオーラルシステムにより他人の水平面の頭部伝達関数（HRTF）を被験者の外耳道入口に再現し，これに対して被験者が知覚した方位角を**図 2.4**に示す[4]。頭部伝達関数以外の実験条件は図2.3の場合と同様である。図（a）と図（b）は被験者MとSの頭部伝達関数を再現した刺激に対する被験者Lの回答，図（c）と図（d）は被験者LとMの頭部伝達関数を再現した刺激に対する被験者Sの回答である。ここで，L，M，Sは3名の被験者の耳介の大きさを表し，被験者Lの耳介が最も大きく，被験者Sが最も小さい。

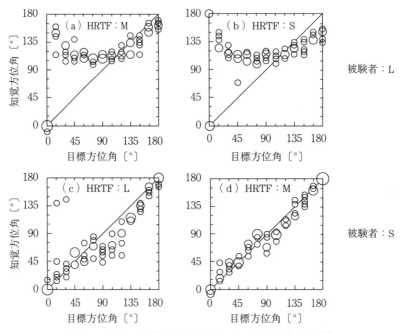

図 2.4　他人の頭部伝達関数による水平面内の方向知覚[4]

　被験者 L は，M と S の頭部伝達関数に対して，左右方向についてはほぼ目標方向に知覚している。しかし，前方から側方（15〜75°）の頭部伝達関数に対しては後方に折り返して知覚している。また，S の 0° の頭部伝達関数に対しては，0° に知覚する場合と 180° に知覚する場合がある。

　一方，被験者 S は，被験者 L の 15° および 30° の頭部伝達関数に対して後方に折り返して知覚する場合があるが，それを除くとおおむね目標方向に知覚している。定説とはいえないが，大きな耳介の頭部伝達関数は小さな耳介の受聴者にも適用できる傾向が強い（この点については 3.8 節で考察を加える）。

　このように他人の水平面の頭部伝達関数を再現すると，左右方向については目標方向に知覚するが，前後方向については誤判定が頻度高く生じる。

## 2.3 左右方向の知覚の手掛かり

2.2節で述べたように，本人の頭部伝達関数を再現すれば水平面の音像方向を精度よく再現できる。また，他人の頭部伝達関数でも左右方向については再現できる。ここで，頭部伝達関数のどの部分が左右方向の知覚の手掛かりとなっているのかについて議論を進める（前後上下方向の手掛かりについては，3章で詳しく述べる）。

ヒトの耳は頭部の両側についているので，音が側方から入射すると両耳への到達時間および音圧に差が生じる。左右の方向知覚の手掛かりは，頭部伝達関数に含まれる両耳間差情報，すなわち**両耳間時間差**（interaural time difference, **ITD**）および**両耳間レベル差**（interaural level difference, **ILD**）であることが1900年前後に報告されている[5),6)]。

### 2.3.1 両耳間時間差

頭部インパルス応答から求めた成人33名の水平面の両耳間時間差を**図2.5**に示す（算出方法の詳細は10.1節参照）。両耳間時間差の絶対値は，正面および真後ろではほぼゼロで，側方では個人差があるが600〜800 µsである。

音源が受聴者から十分離れ，入射波が平面波であるとみなせると，入射方位角と両耳間時間差の関係は**図2.6**に示すモデルで表される[7)]。頭部を完全な球

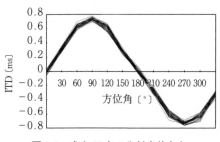

図2.5 成人33名の入射方位角と両耳間時間差の関係

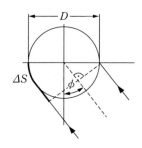

図2.6 両耳間時間差モデル[7)]

であるとみなすと，式 (2.1) が成り立つ．

$$\Delta S = c \times ITD = \frac{D}{2}(\phi + \sin\phi) \qquad (2.1)$$

ここで，$\Delta S$ は両耳間の経路差，$c$ は音速，$ITD$ は両耳間時間差，$D$ は両耳間距離（球の直径），$\phi$ は入射方位角〔rad〕である．

**図 2.7** に両耳間時間差と音像方向の関係についての実験結果を示す[8]．この実験では頭部伝達関数は再現されておらず，頭部伝達関数に含まれる両耳間時間差情報だけを制御している．横軸は両耳間時間差で，縦軸は線形軸上に割りつけた音像の耳間偏移の量を示す．0 は頭の中央すなわち正面方向に，5 は外耳道入口すなわち真横方向に音像を知覚したことを意味している．両耳間時間差 0 ms で正面方向に知覚し，±1 ms で真横方向に収束する．±1 ms の範囲では両耳間時間差に対してほぼ線形に変化する．

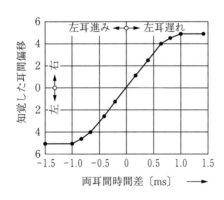

図 2.7 両耳間時間差と音像方向の関係[8]

両耳間時間差は単なる計算モデルではない．生理学的にも，内耳から大脳皮質の 1 次聴覚野に至る伝達経路の上オリーブ内側核に両耳信号の時間差算出機能が存在することが報告されている．

**図 2.8** は両耳間時間差に関する Jeffress–Colburn の "一致モデル" である[9]．$\Delta\tau$ は時間遅延，× は乗算器，∫ は処理結果の時間平滑を行う積分器である．このモデルでは，両耳間時間差に応じて最大値をとる出力の場所が変化する．例えば左側方から音が入射した場合は遅延路の右端の出力 5 が最大となる．

ただし，両耳入力信号の波形そのものの時間差が左右方向の知覚の手掛かり

2.3 左右方向の知覚の手掛かり 25

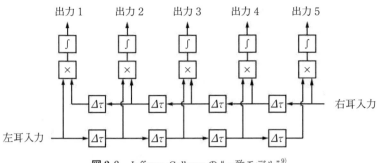

図 2.8 Jeffress–Colburn の "一致モデル"[9]

となるのは約 1 600 Hz 以下の成分に限られる。これは,内耳の神経パルス発火に絶対不応期,すなわち一度発火してからつぎに発火するまでに必要な期間が存在するからである。1 600 Hz 以上の周波数帯域では,両耳入力信号の包絡線に対応した時間差が検出される。

### 2.3.2 両耳間レベル差

音源の方位角により両耳間レベル差も変化する。図 2.5 と同一の成人 33 名の両耳間レベル差を図 2.9 に示す。両耳間レベル差の絶対値は,正面および真

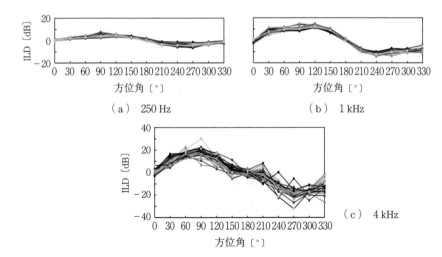

図 2.9 入射方位角と 1/3 オクターブバンドの両耳間レベル差の関係

後ろではほぼゼロとなり，側方で最大となる．ただし，入射方位角が同じでも周波数が高くなるほど両耳間レベル差の絶対値は大きくなる．方位角 90°の両耳間レベル差の被験者平均は，中心周波数 250 Hz の 1/3 オクターブバンドでは 4.3 dB であるが，1 kHz では 10.1 dB，4 kHz では 18.4 dB となる．これは波長が短くなるほど頭部における回折が生じにくくなるためである．

**図 2.10** は，600 Hz の純音と広帯域ノイズを用いた両耳間レベル差と音像方向の関係についての実験結果である[10]．この実験でも頭部伝達関数は再現されておらず，頭部伝達関数に含まれる両耳間レベル差情報だけを制御している．

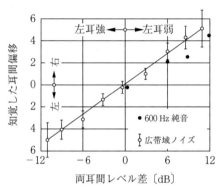

**図 2.10** 両耳間レベル差と音像方向の関係[10]

どちらの音源においても，レベル差 0 dB で正面方向に，±12 dB で真横方向に知覚している．

両耳間時間差と同様に，生理学的にも上オリーブ外側核に両耳信号のレベル差を算出する機能が存在することが報告されている．両耳間レベル差は，可聴周波数全域にわたって左右方向の知覚の手掛かりになっている．

## 2.4　コーン状の混同

頭部が球形であると仮定すると，**図 2.11** に示す円錐台の垂直断面（矢状面）の円周上では両耳間差は等しくなる．したがって，両耳間差情報は音源が正中面から左右にどれだけ離れた矢状面内にあるのかを説明することはできるが，その面内の前後上下方向のどこにあるのかはわからない．これを**コーン状の混同**（cone of confusion）と呼んでいる．

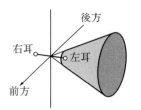

図 2.11 コーン状の混同

## 2.5 複数音源による合成音像

両耳間レベル差を工学的に応用したものがステレオシステムである。2つのスピーカの出力レベルを変化させ，両耳に届く音の強さの差を制御することで，左右の方向感を制御している。このように，同一の信号を2つのスピーカから再生して，1つの音像が知覚されるとき，その音像を**合成音像**（summing localization）と呼ぶ。合成音像の方向は，**図 2.12** に示すように，2つのスピーカの出力レベルを変化させることによって，2つのスピーカを結ぶ線分上の任意の位置に制御することができる。

では，2つのスピーカを受聴者の前後に配置して側方に合成音像ができるだろうか。受聴者の左側方，方位角240°および300°に設置した2つのスピーカの出力レベルを±18 dBの範囲で変化させたところ（**図 2.13**），出力レベル

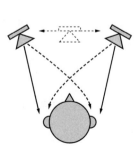

図 2.12 2つのスピーカとそれらのレベル差による合成音像の生成

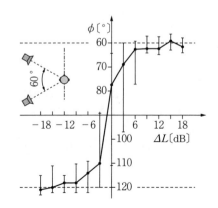

図 2.13 前後に配置したスピーカのレベル差と音像方向の関係[11]

差が約 6 dB 以上の範囲では出力レベルの大きいスピーカの方向に知覚し，出力レベル差が 6 dB 以内では，音像方向が急激に変化した[11]。つまり，側方に安定した合成音像は生じておらず，レベル差で前後方向を制御することはできない。その理由は，3 章で述べるように，前後方向の知覚の手掛かりは両耳間差ではないからである。したがって，スピーカの出力レベル制御（パニング）で水平面全周にわたる完全な音像制御を実現するには，側方のスピーカが必要となる。

# 引用・参考文献

1) F. L. Wightman and D. J. Kistler：Headphone simulation of free-field listening. II：Psychophysical validation, J. Acoust. Soc. Am., **85**, pp.868–878（1989）
2) H. Møller, D. Hammershøi, C. B. Jensen, and M. F. Sørensen：Transfer characteristics of headphones measured on human ears, J. Audio Eng. Soc., **43**, pp.203–217（1995）
3) H. Møller, M. F. Sørensen, D. Hammershøi, and C. B. Jensen：Head-related transfer functions of human subjects, J. Audio Eng. Soc., **43**, pp.300–321（1995）
4) M. Morimoto and Y. Ando：On the simulation of sound localization, J. Acoust. Soc. Jpn（E）, **1**, pp.167–174（1980）
5) Lord Rayleigh：Acoustical observations, Phil. Mag. **3**, 6th series, pp.456–464（1877）
6) Lord Rayleigh：On our perception of sound direction, Phil. Mag. **13**, 6th series, pp.214–232（1907）
7) イエンス・ブラウエルト，森本政之，後藤敏幸編著：空間音響，p. 38，鹿島出版会（1986）
8) イエンス・ブラウエルト，森本政之，後藤敏幸編著：空間音響，p. 61，鹿島出版会（1986）
9) 飯田一博：音響工学基礎論，p.33，コロナ社（2012）
10) イエンス・ブラウエルト，森本政之，後藤敏幸編著：空間音響，p. 69，鹿島出版会（1986）
11) G. Theile and G. Plenge：Localization of lateral phantom sources, J. Audio Eng. Soc., **25**, pp.196–200（1977）

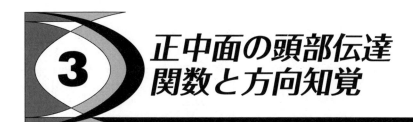

# 3 正中面の頭部伝達関数と方向知覚

音源が正中面にある場合について,頭部伝達関数の物理特性および頭部伝達関数を再現することによる方向知覚について解説する。さらに,頭部伝達関数に含まれる前後上下方向の知覚の手掛かりについて述べる。

## 3.1　正中面の頭部伝達関数

上半球正中面内の正面から後ろまでを 30°間隔で測定した頭部伝達関数の振幅特性を**図 3.1** に示す。実線は右耳,点線は左耳での伝達関数である。縦軸の 1 目盛りは 10 dB であり,グラフが重ならないように上昇角ごとに 40 dB ずらして描いている。破線は各上昇角の頭部伝達関数の 0 dB を表している。この図よりつぎのことが読みとれる。

① 4 kHz 付近のピークは音源の上昇角に依存せず,どの方向でも生じる。

② 正面方向で 6 kHz と 10 kHz 付近にあるノッチは,音源が上方になるにつれて周波数が高くなり,120°付近で最も高くなる。

③ ノッチの深さは,音源が水平面に近い場合は深く,上方になるにつれて浅くなる。

④ 正中面といえども,左右の特性は必ずしも等しくない。これは,頭部や耳介の形状が左右対称ではないことによる。

このように,音源の上昇角により頭部伝達関数の振幅スペクトルは変化する。

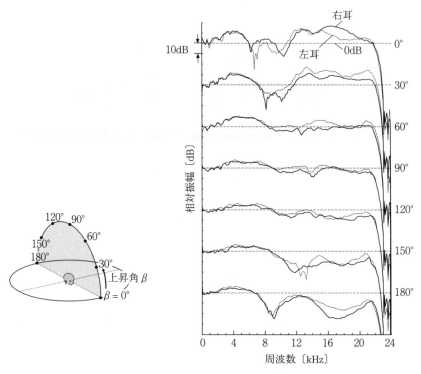

**図 3.1** 正中面内の音源(0 ～ 180°)に対する頭部伝達関数の振幅特性の測定例。実線は右耳,点線は左耳。

## 3.2 正中面の方向知覚

### 3.2.1 本人の頭部伝達関数による方向知覚

〔1〕 ヘッドホン再生

2.2 節と同様の方法で本人の上半球正中面(0 ～ 180°)の頭部伝達関数をヘッドホンで再現し,被験者が知覚した上昇角を**図 3.2** に示す。被験者は 20歳代の男性 3 名と女性 1 名である。被験者 MTZ と YMM の回答の分布は実音源に対する回答(A1.2 節参照)でもみられる逆 S 字カーブを描いている。水平面の結果(図 2.2)と比較すると回答のばらつきは増加するが,いずれの被

3.2 正中面の方向知覚

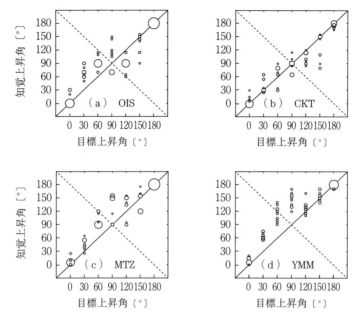

**図 3.2** ヘッドホンを用いた被験者本人の頭部伝達関数の再現による上半球正中面内の方向知覚

験者においても，おおよそ目標方向に音像を知覚している．

〔2〕 トランスオーラル再生

トランスオーラルシステムで本人の上半球正中面の頭部伝達関数を再現し，被験者が知覚した上昇角を**図 3.3**に示す[1]．

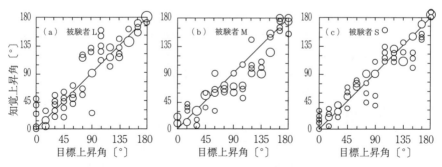

**図 3.3** トランスオーラルシステムを用いた 3 名の被験者（L, M, S）本人の頭部伝達関数の再現による上半球正中面内の方向知覚[1]

## 32　3. 正中面の頭部伝達関数と方向知覚

水平面の結果（図2.3）と比較すると回答のばらつきは増加しているが，いずれの被験者もおおよそ目標方向に音像を知覚している。先に述べたように，正中面では実音源に対しても回答はばらつく傾向があること（A1.2節参照）を考え併せると，正中面においても本人の頭部伝達関数を再現することにより音像方向を再現できるといえる。

以上をまとめると，ヘッドホンを用いてもトランスオーラルシステムを用いても，本人の頭部伝達関数を再現すれば正中面の音像方向を再現できる。

### 3.2.2　他人の頭部伝達関数による方向知覚
〔1〕 ヘッドホン再生

他人の上半球正中面（0〜180°）の頭部伝達関数をヘッドホン再生で再現し，被験者が知覚した上昇角を**図3.4**に示す。被験者は図3.2と同一の4名である。用いた頭部伝達関数は被験者とは別の20歳代男性のものである。

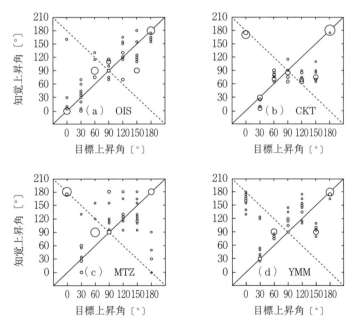

**図3.4**　他人の頭部伝達関数による上半球正中面内の方向知覚

被験者 OIS はほぼ目標方向に音像を知覚している。しかし，ほかの3名の被験者は0°の頭部伝達関数に対して 120〜180°に回答している。加えて被験者 MTZ については，180°の頭部伝達関数に対して後方に知覚する場合と前方から上方に知覚する場合がみられる。このように他人の正中面の頭部伝達関数では前後を誤って知覚することが多い。

〔2〕 トランスオーラル再生

他人の上半球正中面（0〜180°）の頭部伝達関数をトランスオーラルシステムで再現し，被験者が知覚した上昇角を図 3.5 に示す[1]。図（a）と図（b）は被験者 M と S の頭部伝達関数を再現した刺激に対する被験者 L の回答，図（c）と図（d）は被験者 L と M の頭部伝達関数を再現した刺激に対する被験者 S の回答である。被験者 L は，M と S の頭部伝達関数に対して，一部を除き目標方向にかかわらず 120〜180°に知覚し，正面には知覚しない。

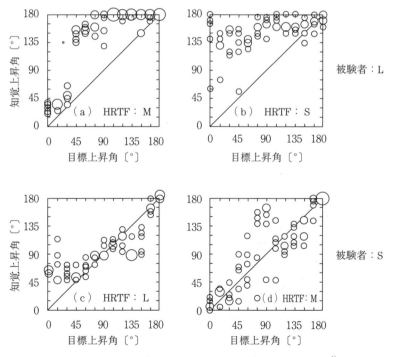

図 3.5 他人の頭部伝達関数による上半球正中面の方向知覚[1]

被験者Sは，Lの頭部伝達関数では正面に知覚せず，音像が上昇する．Mの頭部伝達関数では45～120°において非常に回答のばらつきが大きい．

### 3.2.3 正中面の音像再生における3つの問題

他人の頭部伝達関数を受聴者の外耳道入口に再現すると，しばしば目標方向とは異なる方向に音像を知覚する．この現象は，①前後誤判定，②音像の上昇，③頭内定位の3種類に大別できる（図3.6）．

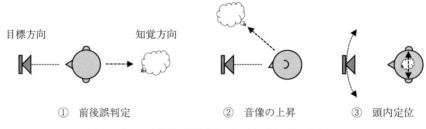

図3.6 他人の頭部伝達関数を用いた場合に発生する問題

〔1〕 前 後 誤 判 定

**前後誤判定**（front-back error）とは，目標とする音源方向と知覚する音像方向の前後が逆転する現象である．トランスオーラルシステムなどのようにスピーカが見えている場合は，後方の音を前方に誤判定することが多い．これは，聴覚から得られる手掛かりが曖昧な場合に視覚情報が作用した結果であると解釈できる．一方，ヘッドホン再生の場合は同様の理由で，前方の音を後方に誤判定することが多い．

前後誤判定は，他人の頭部伝達関数を用いると，3.3節で述べる前後上下方向の知覚の手掛かりの周波数にずれが発生し，その周波数が前後で逆の方向の手掛かりに近い場合に発生すると考えられる．

〔2〕 音 像 の 上 昇

水平面内の頭部伝達関数を再現しているにもかかわらず，斜め上方向に音像を知覚する現象がよく発生する．下降ではなく上昇する理由は現時点では不明である．

〔3〕 頭内定位

**頭内定位**（lateralization, inside-of-head localization），つまり音像を頭の中に知覚する現象が発生する場合もある。頭部伝達関数を用いずにヘッドホン再生をした場合，例えば携帯型音楽プレイヤとヘッドホンによる受聴では頭内定位となることが多い。頭部伝達関数が含まれない音が鼓膜に届くと，ヒトの聴覚システムはその中に入射上昇角と一致する情報を検出できず，結果として頭内に音像が発生するものと考えられる。

## 3.3 前後上下方向の知覚の手掛かり

### 3.3.1 スペクトラルキュー概観

前後上下方向の知覚の手掛かりはなんだろうか。この疑問を解くための研究は1960年代から活発に行われ，頭部伝達関数の振幅スペクトルが重要であることが明らかにされている。これを**スペクトラルキュー**（spectral cue）と呼ぶ。さらに，複雑な振舞いをする振幅スペクトルのすべての情報が必要なのか，あるいは特定の重要な情報が存在するのか，存在するのであればそれは何かについて，多くの研究が進められてきた。

それらの研究結果は，スペクトラルキューは5 kHz以上の周波数帯域に存在するという点で一致している。音源信号の周波数帯域が正中面定位の精度に及ぼす影響を**図3.7**に示す[2]。図（a）の広帯域ノイズでは良好な正中面定位が得られる。しかし，低域通過ノイズにおいては，遮断周波数が4 800 Hzになると図（c）のように音像が上方には現れず，前方もしくは後方の水平面に知覚している。さらに，遮断周波数が2 400 Hzになると図（d）のように前後誤判定も生じている。一方，図（e），（f），（g）のように高域通過ノイズに対しては，遮断周波数が高くなるにつれて知覚方向の分散が大きくなる傾向がある。これらの結果より，正中面全体にわたって精度のよい音像定位を実現するためには，音源信号に5 000～10 000 Hzの周波数成分が必要であるといえる。

また，16 000 Hz以上や3 800 Hz以下の周波数成分は正中面内の音像定位精

## 3. 正中面の頭部伝達関数と方向知覚

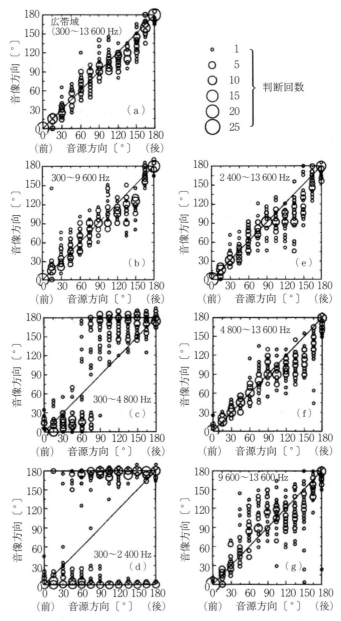

**図 3.7** 正中面定位におよぼす刺激の周波数範囲の影響[2]

度に影響を及ぼさないことや[3]，正中面から離れた側方の矢状面では 3 000 Hz 以下の低周波数域にも上昇角知覚の手掛かりがあることが報告されている[4]。

ノッチやピークについてもさまざまな知見が得られている。5 000 Hz 以上の帯域のノッチやピークが上昇角の知覚に貢献し[3),5)~7)]，音源の方向が上方になるとノッチの周波数は高くなることが報告されている[5),8)]。ノッチは耳介で生じ[7),9)~12)]，その周波数は音源の上昇角に依存するだけでなく，受聴者の耳介の形状にも依存する[13]。また，スペクトルの微細構造よりもノッチやピークの概形が重要であることも報告されている[14)~19)]。

具体的な上昇角知覚のスペクトラルキューについては，いくつかの説が唱えられている。その 1 つは，音源が上方になるにつれてその周波数が高くなる 5 700 Hz ～ 11 300 Hz に存在するノッチであるというものである[18]。また，前後知覚においては，ピークよりもノッチの影響が大きく[20]，上昇角によるノッチ周波数の違いを受聴者が弁別できることも示されている[21]。

### 3.3.2　スペクトラルキュー詳細

スペクトラルキューを詳細に検討するため，パラメトリック HRTF（pHRTF）が提案された[22]。パラメトリック HRTF は受聴者の実測頭部伝達関数をスペクトラルノッチとピークに分解し（**図 3.8**），その全部または一部を IIR フィルタで再構成したものである。音源方向に関わらず生じる 4 kHz 付近のピーク[8]を下限周波数とし，周波数の高いほうに向かってノッチとピークにラベル付けを

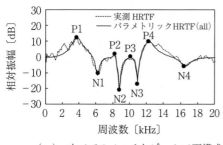
（a）すべてのノッチとピークで再構成

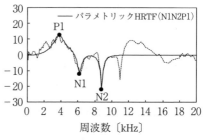
（b）N1N2P1 のみで再構成

**図 3.8**　実測 HRTF のノッチとピークおよびパラメトリック HRTF

行う(P1, N1, P2, N2, …)。それぞれのノッチとピークは中心周波数,レベル,先鋭度(Q値)で表現される。

閉塞した外耳道の入口で測定した正中面内の頭部伝達関数には 20 kHz までに6つのピークがある[23),24)]。**図 3.9** に周波数が低い3つのピーク(P1, P2, P3)とノッチ(N1, N2, N3)を模式的に示す[12]。ピーク周波数は音源の上昇角方向によらず一定であるのに対して,ノッチ周波数は音源が前方から上方に移動するにつれて高くなり,上方から後方に移動するにつれて低くなる。このようにノッチ周波数の変化は音源の上昇角の変化と対応しているので,これらは音源の前後上下方向知覚の手掛かりとなると考えられる。

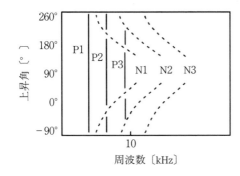

**図 3.9** 正中面における頭部伝達関数のノッチとピークの模式図[12]

パラメトリック HRTF を用いた正中面音像定位実験により,スペクトラルキューに関して以下のことが明らかになった[22),25)]。

〔1〕 **正中面定位のためのノッチとピークの最小構成**

正中面定位を実現するうえで必要最小限のノッチとピークの構成とはどのようなものだろうか。

実測頭部伝達関数から抽出したすべてのノッチとピークを用いて再構成したパラメトリック HRTF(all)による正中面音像定位の結果を**図 3.10**(a), (b)に示す。パラメトリック HRTF(all)の回答分布は一部で分散が大きくなるものの,実測頭部伝達関数の分布(図(c),(d))とほぼ同等である。

さらに,全部ではなく一部のノッチとピークを再現したさまざまなパラメトリック HRTF を用いた音像定位実験が行われた。その結果,前後方向につい

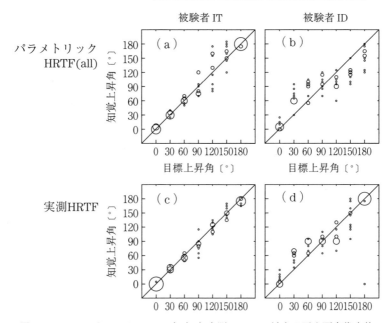

**図 3.10** パラメトリック HRTF (all) と実測 HRTF に対する正中面音像定位実験結果。円の半径は回答の度数を表す[22]。

ては第1および第2ノッチ (N1, N2) と第1ピーク (P1) で再構成したパラメトリック HRTF で,実測頭部伝達関数と同等の音像定位精度を再現できることが示された (**図 3.11** (e)～(h))。

しかし,受聴者によっては上方の音像定位精度は実測頭部伝達関数より劣る場合があり,図 (f) に示すように回答が後方にシフトしたり,図 (g) のように前方に回答したりした。そこで,N1N2P1 に P2 を加えたパラメトリック HRTF を用いた実験が行われた。その結果を図 (i)～(l) に示す。上方での音像定位精度が向上し,図 (j) では回答が上方に集まり,図 (k) では前方への回答がなくなった。前方,上方,後方のいずれにおいても実測頭部伝達関数との定位精度の差は 10°以内となった。以上より,上半球正中面全体にわたって良好な音像定位を実現できる最小構成は N1N2P1P2 と考えられる。

なお,P1, P2,あるいは P1P2 だけを再現しても上方に音像を知覚することはない (**図 3.12**)。したがって,P1, P2 そのものはスペクトラルキューの機

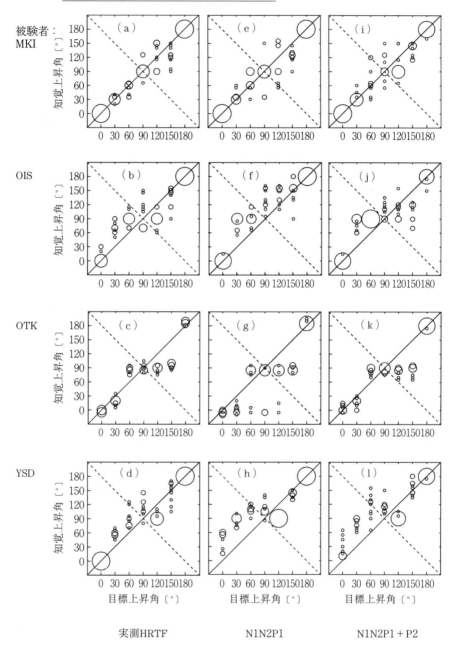

**図 3.11** 実測頭部伝達関数,パラメトリック HRTF (N1N2P1),パラメトリック HRTF (N1N2P1 + P2) による正中面音像定位[25]

3.3 前後上下方向の知覚の手掛かり    41

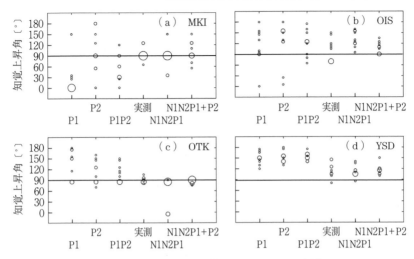

**図 3.12** P1, P2, P1P2 に対する回答。比較のため図 3.11 の実測 HRTF, N1N2P1, N1N2P1 + P2 の回答を併せて示す。

能を果たしているとはいえない。

〔2〕 **ノッチ周波数の上昇角依存性**

ここで，音源の上昇角と N1 周波数および N2 周波数の関係を議論する。N1 周波数および N2 周波数は音源の上昇角に強く依存する（**図 3.13**）。N1 周波数は音源の上昇角が 0° から 120° 付近まで増加するにつれて高くなり，そこか

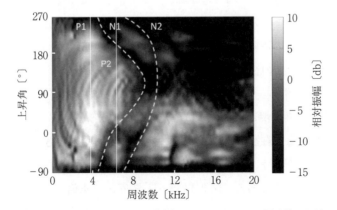

**図 3.13** 正中面における音源方向と N1, N2, P1, P2 周波数の関係

ら 180° に向かって低くなる傾向がみられる。N2 周波数は 0° から 120° になるにつれて高くなるが，120° から 180° の間の変化は小さい。

　この振舞いは，2 つのノッチが必要となる理由を説明することができる。もし，ノッチ周波数が音源の上昇角に対して単調に変化するのであれば，耳入力信号から 1 つのノッチを抽出すれば上昇角を決定できる。しかし，ノッチ周波数と上昇角が 1 対 1 の関係にないため，上昇角を決定するには少なくとも 2 つのノッチが必要になると解釈することができる。

　また，Moore et al.[21] は，広帯域白色雑音に 8 kHz のノッチを付加した刺激を用いて実験を行い，被験者がノッチの有無の違いを弁別できること，およびノッチの周波数の違いを検知できることを示した。これらは，N1, N2 が前後上下方向の知覚の手掛かりであるとする考えを支持している。

〔3〕 ピーク周波数の上昇角依存性

　一方，P1 周波数と P2 周波数は上昇角にかかわらずほぼ一定である。したがって，P1 と P2 自体には音源方向に依存する物理的手掛かりは含まれない。では，周波数依存性のない P1 と P2 が前後上下方向の知覚になぜ有効なのだろうか。これらが果たす役割として，つぎのようなことが考えられる。

　1 つの解釈として，聴覚システムが N1 と N2 を探索するためのリファレンス情報として活用されていると考えることができる。受聴者が聴いているのは頭部伝達関数ではなく耳入力信号である。耳入力信号は音源信号と空間伝達関数と頭部伝達関数の影響が重ね合わされた音響信号であり（付録 A.2 参照），さらに騒音などほかの音源の成分が加わっている場合もある。受聴音圧レベルも時々刻々変化する。このような耳入力信号から N1 と N2 を抽出するにあたって，入射方向に関わらずつねに一定の周波数を保持する P1 と P2 は，聴覚システムにとって有益なリファレンス情報になっていると考えられる。

　さらに，別の解釈もできる。P1 と P2 は N1 と N2 を強調する役割を果たしているという考え方である。図 3.14 は，上昇角 0°（正面）と上昇角 90°（真上）における N1, N2, P1, P2 の周波数とレベルの関係を示したものである。白丸は 0°，黒丸は 90° の N1, N2, P1, P2 を示す。2 本の破線は中心周波数

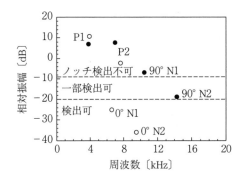

図3.14 N1, N2, P1, P2 の周波数とレベルの関係。○は0°, ●は90°を表す。破線はノッチ（中心周波数8 kHz, バンド幅25 %）の検知閾[21]を示す。

が8 kHz, 帯域幅が中心周波数の25 % のノッチを用いて求めた3名の被験者のノッチ検知閾の最大値と最小値である[21]。ノッチレベルが−9 dB 以上ではすべての被験者がノッチを検知できず、−20 dB 以下ではすべての被験者が検知した。0°のN1とN2はともに検知可能なレベルである。しかし、90°のN1は検知できないレベルであり、N2は被験者により検知の可否が分かれるレベルである。

90°ではノッチとピークは周波数の低いほうから P1, P2, N1, N2 の順で並んでいる。P2を再現しない場合, P1はN1から離れた周波数にあるため対比効果は期待できない。しかしP2を再現すると, P2からみたN1の相対的なレベルは−14.7 dB となる。これは被験者によってはノッチの検知が可能なレベルである。

このように、スペクトラルキューとして本質的な役割を果たしているのはN1とN2であり、音源方向に依存しないP1とP2は聴覚システムが耳入力信号からN1とN2を検出し分析するうえで役立っていると考えられる。

## 3.4　正中面定位における両耳スペクトルの役割

音像の上昇角知覚では、左右両方の耳入力信号のスペクトルが寄与し[9]、音源が正中面から側方に離れるほど音源側の耳の入力信号スペクトルの寄与が大きくなると報告されている[26]。

上昇角知覚において，両耳入力信号のスペクトル情報がどのように処理されているのか，言い換えると，両耳入力信号スペクトルから上昇角知覚の手掛かりを抽出する過程に関しては，以下の2つの仮説が考えられる。

**仮説1　スペクトルの統合**　左右の耳入力信号のスペクトルが統合されて1つのスペクトルが得られ，そこからスペクトラルキューが抽出されて上昇角を知覚する。

**仮説2　手掛かりの統合**　左右それぞれの耳への入力信号のスペクトル（単耳スペクトル）からそれぞれスペクトラルキューが抽出され，それらの複数の情報から総合的に上昇角を知覚する。

いずれの仮説が妥当なのかを明らかにするために，左右の耳に上半球正中面内の異なる上昇角の頭部伝達関数（左耳7方向×右耳7方向の49種類）を与えた音像定位実験が行われた[27]。

両耳に同じ方向の頭部伝達関数を与えた場合の回答分布を**図3.15**に示す。回答は対角線付近に分布しており，精度よく正中面定位ができている。

つぎに，左右の耳に異なる方向の頭部伝達関数を与えた結果を**図3.16**に示す。図（a）は左耳に0°，右耳に180°の頭部伝達関数を与えた場合の同一被験者の10回の回答である。左右の耳のそれぞれの方向に音像を知覚する場合と左耳の方向だけに音像を知覚する場合があった。この結果は左右の耳で別々に上昇角を知覚できることを示唆している。図（b）は左耳に30°，右耳に60°の頭部伝達関数を与えた場合で，左耳の方向もしくは右耳の方向に知覚し，1度だけ中間の方向に知覚した。ただし，正中面では合成音像は生じないと考えられるので，中間の方向に知覚した音像は合成音像ではなく，左耳または右耳の方向の音像がずれた，もしくは2つの音像が重なったと解釈するのが妥当である。図（c）は左耳に120°，右耳に30°の頭部伝達関数を与えた場合で，おもに右耳の方向に音像を知覚しているが，左耳の方向（180°付近にずれているが）にも同時に音像を知覚する場合もある。

両耳に同じ方向の頭部伝達関数を用いた場合と，異なる方向の頭部伝達関数を用いた場合の平均定位誤差を**表3.1**に示す。ただし，後者の場合は1つの回

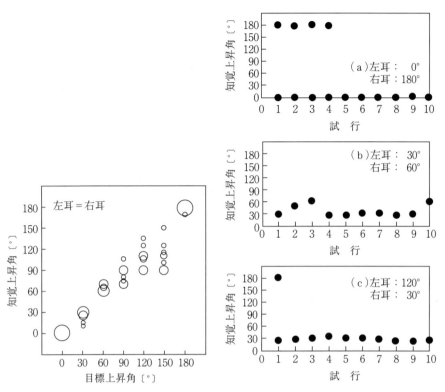

**図 3.15** 両耳に同じ上昇角の頭部伝達関数を与えた場合の正中面音像定位[27]

**図 3.16** 左右の耳に異なる上昇角の頭部伝達関数を与えた場合の正中面音像定位[27]

**表 3.1** 両耳に同じ方向の頭部伝達関数を用いた場合と異なる方向の頭部伝達関数を用いた場合の平均定位誤差[27]

| 左耳 = 右耳 | 左耳 ≠ 右耳 |
|---|---|
| 11.6° | 9.3° |

答に対して提示方向が2つあるため，回答方向に近いほうの提示方向との差を定位誤差とした．また，1つの刺激に対して2つの音像を知覚した場合は，それぞれの音像について定位誤差を算出した．これを見ると，被験者は両耳の頭部伝達関数の方向が異なる刺激に対して，左右の耳のいずれかの方向あるいは両方の方向に，両耳に同じ方向の頭部伝達関数を用いた刺激と同程度の精度で定位している．

以上の結果は、いずれも片耳の入力信号スペクトル（単耳スペクトル）からスペクトラルキューを抽出して上昇角を知覚していることを示している。つまり仮説2を支持している。ただし、左右の耳で異なる上昇角のスペクトラルキューが抽出された場合に、両方の音像を知覚する場合と、どちらか片方だけの音像を知覚する場合があり、総合的な上昇角知覚がどのようなメカニズムで決定されているのかについては、今後の研究が待たれる。

## 3.5 スペクトラルキューの成因

このようなスペクトラルキューは、どこでどのようにして発生しているのだろうか。その成因について詳しく述べる。

### 3.5.1 耳介の寄与

音源方向により頭部伝達関数に違いが生じるのは、頭部、耳介、胴体などの形状が前後上下左右方向で非対称であるからだと考えられる。その中でも最も影響が大きいのは耳介である。耳介は軟骨で支えられた皮膚のひだであり、その長さは5〜7cm、幅は3〜3.5cmである。**図3.17**に示すように、耳介に

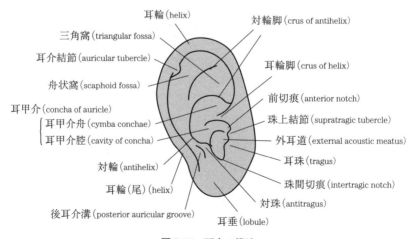

**図3.17** 耳介の構造

は多くの窪みと隆起がある。では，どの部分がどのようなメカニズムでノッチやピークを形成しているのだろうか。この問題についても，これまで多くの研究が進められてきた。

**図 3.18** は被験者の頭部全体の形状を用いて FDTD 法で計算した頭部伝達関数（a, c, e, g）と耳介周辺のみの形状（**図 3.19**）から計算した伝達関数（b, d, f, h）である[28]。頭部そのものの影響は主として 5 kHz 以下の周波数領域

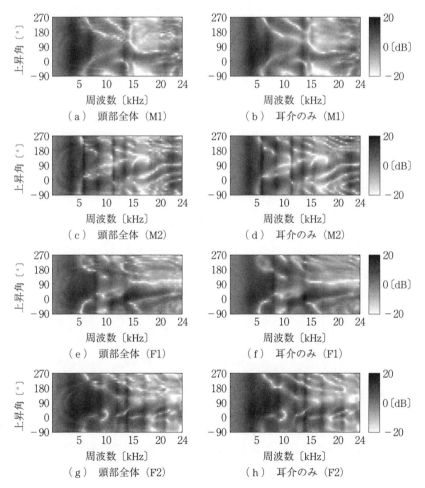

**図 3.18** 頭部全体の形状を用いて算出した頭部伝達関数（a, c, e, g）と，耳介形状のみを用いて算出した伝達関数（b, d, f, h）[28]

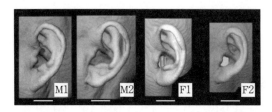

**図 3.19** 計算に用いた耳介形状。白線の長さは 2 cm を表す[28]。

に現れている。また頭部を含む場合（a, c, e, g）では音圧の高い領域が上昇角 90°付近を中心とする同心円状のパターンとなって現れる。これは，頭部を回り込む音波によって形成されていると考えられる。しかし，主要なピークとノッチ，すなわち P1, P2, P3, N1, N2 への頭部の影響は見られない。正中面における頭部伝達関数のノッチとピークは，頭部ではなく耳介によって決定されるといえる。

つぎに，耳介が方向知覚に及ぼす影響を検証したいくつかの実験結果を紹介する。**図 3.20** に耳介の主要な 3 つの窪み（三角窩，舟状窩，耳甲介腔）を順次ゴムで埋めた場合（外耳道入口は開いている）の音像定位誤差を示す[9]。窪みを埋めるに従って音像定位誤差は増大している。

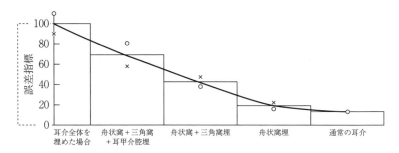

**図 3.20** 耳介の窪みを順次埋めた場合の正中面前方における音像定位誤差[9]

これら 3 つの窪みを埋めた条件での頭部伝達関数も測定されている[11), 29]。**図 3.21** にその振幅スペクトルを示す。また，**図 3.22** は 9 名の被験者それぞれについて閉塞耳介と通常の耳介の頭部伝達関数の振幅スペクトルの相関係数を方向ごとに求め，全方向で平均したものである。

3.5 スペクトラルキューの成因　49

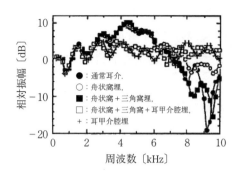

**図 3.21** 耳介の窪みを埋めた場合の正面方向の頭部伝達関数[29]

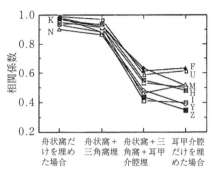

**図 3.22** 通常の耳介と窪みを埋めた耳介の頭部伝達関数の相関係数[29]。パラメータは9名の被験者。

舟状窩埋では振幅スペクトルにはほとんど影響がなく，全被験者において通常耳介と 0.90 以上の高い相関係数を示している。

舟状窩＋三角窩埋では，舟状窩埋と同様にノッチやピークは通常耳介のそれとほぼ一致し，全被験者が通常耳介と 0.86 以上の高い相関係数を示している。

舟状窩＋三角窩＋耳甲介腔埋では，振幅スペクトルが平坦化して，ノッチとピークが消滅する。通常耳介との相関係数も低下し，頭部伝達関数の振幅スペクトルに大きく影響する。

耳甲介腔だけを埋めた場合でも舟状窩，三角窩，耳甲介腔をすべて埋めた場合と同様に，ノッチやピークが消滅し，通常の耳介との相関係数が低下する。

さらに，上半球正中面7方向（0〜180°，30°間隔）を目標方向とする音像定位実験が行われた。表 3.2 に耳介を埋めた状態と通常耳介の間で定位精度に有意差（$p<0.01$）が生じた方向の数を示す。

**表 3.2** 通常耳介と比較して定位精度に有意差が生じた方向の数（全7方向）[29]

| 耳介を埋めた状態 | 被験者 | | | | | | | |
|---|---|---|---|---|---|---|---|---|
| | I | K | U | Y | Z | M | F | N | H |
| 舟状窩埋 | 0 | 1 | 0 | 0 | 1 | 1 | 1 | 0 | 1 |
| 舟状窩＋三角窩埋 | 5 | 5 | 0 | 1 | 2 | 0 | 2 | 0 | 0 |
| 舟状窩＋三角窩＋耳甲介腔埋 | 5 | 4 | 4 | 4 | 4 | 4 | 4 | 0 | 0 |
| 耳甲介腔埋 | 5 | 6 | 5 | 3 | 3 | 4 | 4 | 1 | 1 |

舟状窩埋では，9名中4名の被験者でいずれの方向についても通常耳介と有意な差は認められなかった。残りの被験者についても，有意差が認められたのは7方向中わずかに1方向のみであった。また，特定の方向において有意差が生じるような傾向はみられなかった。

舟状窩＋三角窩埋では，2名の被験者が5方向で有意差を示し，音源方向に関わらず音像は特定方向（1名の被験者は75°付近，もう1名の被験者は0°付近）に知覚した。

舟状窩＋三角窩＋耳甲介腔埋では，7名の被験者が4方向以上で有意差を示し，音源方向に関わらず特定方向（被験者Iは75°付近，ほかの被験者は0°付近）に音像を知覚した。ただし，被験者N，Hについては，いずれの方向についても有意差が認められず，耳介を埋めても通常耳介と同程度の精度で定位した。この被験者がスペクトラルキュー以外のなにを手掛かりとして上昇角を知覚したのかは不明である。

耳甲介腔だけを埋めた場合でも，舟状窩＋三角窩＋耳甲介腔埋の場合とほぼ同様に3方向以上で有意差を示した。被験者N，Hは，耳甲介腔を埋めても通常耳介と同程度の精度で定位した。

以上より，耳甲介腔は頭部伝達関数のノッチとピークの形成に寄与し，前後上下方向の知覚に大きな影響を及ぼすといえる。

### 3.5.2 ピークの成因

ピークの成因は耳介の共鳴モードである。これは，耳介模型を用いた実験[23]，BEMを用いたシミュレーション[24]，FDTD法を用いたシミュレーション[12]などで示されている。これらの研究では，ピーク周波数で励振したときに耳介の腔に生じる音圧の腹の分布，強度，位相差などを分析している。その結果は定性的には共通しており，ピークでは外耳道入口を含む耳甲介腔に腹が生じる。P1では耳甲介腔に1つ，P2では耳甲介腔に1つとそのほかの部位に1つ，P3では耳甲介腔に1つとその他の部位に2つの腹が生じる。P2以降は腹が耳介の垂直方向に並ぶことから**バーチカルモード**（vertical mode）と呼ばれ

る。各ピークの成因を詳しく説明する。

〔1〕 第1ピーク（P1）

P1の成因は耳介の内外方向の第1モード，すなわち耳甲介腔の深さを1/4波長とするモードである。そのため，耳介の腔全体にわたって1つの腹が生じる。

図3.23は，正面方向のP1周波数（3.5 kHz）で励振したときの耳介の音圧分布である。腹（＋）は音圧が正で絶対値が大きい部分，腹（－）は音圧が負で絶対値が大きい部分，節は音圧の絶対値が小さい部分である。また，矢印は音源方向を示している。P1周波数では耳甲介腔，耳甲介舟，三角窩，舟状窩が全体として音圧の腹になっていることがわかる。

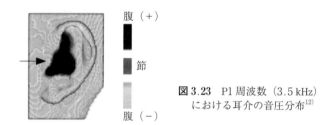

図3.23　P1周波数（3.5 kHz）における耳介の音圧分布[12]

〔2〕 第2ピーク（P2）

P2の成因は耳介の上下方向の第1モードである。これは耳介の表面に沿って生じるモードであり，外耳道入口近傍と耳介の上部にたがいに逆相の腹が1つずつ生じる。

図3.24は上昇角90°のP2周波数（6 kHz）で励振したときの耳介の音圧分布である。耳甲介腔と耳甲介舟および三角窩が互いに逆相の腹となっている。

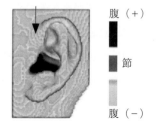

図3.24　P2周波数（6 kHz）における耳介の音圧分布[12]

P2は定性的には直方体の室の固有振動（（式3.1））で説明できる．

$$f_n = \frac{c}{2}\sqrt{\left(\frac{n_x}{l_x}\right)^2 + \left(\frac{n_y}{l_y}\right)^2 + \left(\frac{n_z}{l_z}\right)^2}, \quad n_x, n_y, n_z = 0, 1, 2, \cdots \quad (3.1)$$

ここで，$f_n$ は固有振動数，$c$ は音速，$l_x$, $l_y$, $l_z$ は室の各辺の長さである．P2は最長辺の第1モード（最長辺の長さを $l_x$ とすると，$n_x=1$，$n_y$，$n_z=0$）と対応する．

直方体の窪みで耳介モデルを構成し（**図3.25**），その1次固有周波数を測定および式(3.1)で求めた結果を**図3.26**に示す[30]．計算値は定性的には実測値と同様の振舞いをするが，絶対値は実測値より約1.5 kHz低い．これは直方体の1面が開放されている影響であると考えられる．

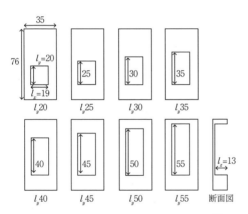

**図3.25** 直方体の窪みによる耳介モデル[30]

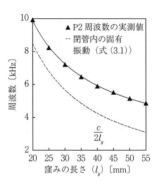

**図3.26** 耳介モデルのP2周波数の実測値▲と，計算値---[30]

〔3〕 第3ピーク（**P3**）

P3の成因は耳介の上下方向の第2モードである．このモードでは，外耳道入口の近傍に1つと，それより上部の腔に2つの腹が生じる．外耳道入口の腹に対し，上部の2つの腹のうち，外耳道入口に近い腹は逆相，遠い腹は同相となる．これら耳介の上部に生じる2つの腹の位置については研究者により主張が異なり，耳甲介舟と三角窩[23]，耳甲介舟と舟状窩[24]，耳甲介腔の後方と三角窩[12]に生じると報告されている．3つの腹の位相や位置関係は直方体の室の2次の固有振動（**図3.27**）に近い．

3.5 スペクトラルキューの成因    53

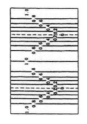

図3.27 直方体の室の2次
固有振動パターン

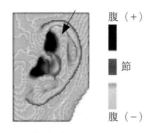

図3.28 P3周波数 (8.25 kHz) における耳介の音圧分布[12]

**図 3.28** は，音源方向が120°の場合のP3周波数（8.25 kHz）での音圧分布である．耳甲介腔と三角窩が同相，耳甲介腔の後方が逆相の腹となっている．

### 3.5.3 ノッチの成因

ノッチの発生メカニズムはピークと比べて複雑で，2つの説が唱えられている．

その1つは，外耳道入口に到達する直接波と耳介で反射して外耳道入口に到達する反射波とが経路差によって打ち消しあって節が生じる（**図 3.29**）というものである[13]．この説ではノッチ周波数は

$$f_n(\phi) = \frac{(2n+1)}{2t_d(\phi)}, \quad n = 0, 1, 2, \cdots \tag{3.2}$$

の式で表される．

ここで，$f_n$ はノッチ周波数〔Hz〕，$t_d$ は直接波と反射波の経路差による時間

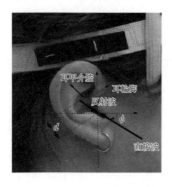

図3.29 直接波と反射波の干渉によるノッチ生成モデル[13]

差〔s〕，$\phi$は直接波の入射角，$n$はノッチ番号（$n=0$が第1ノッチに相当）である。

しかし，この説では音源が後上方にある場合は，反射点に相当する耳介部位が存在しない。また正面方向の音源においても，式 (3.2) で求めた周波数は実測のノッチ周波数と定量的には一致しない[31]。

もう1つの説は，耳介に位相の異なる複数の腹が生じて，外耳道入口付近に節が生成されるというものである[12]。ある特定方向に音源を置いてN1周波数で耳介を励振すると，外耳道入口付近で音圧変動が極小になる。**図 3.30** に N1 周波数における節と腹の分布を示す。図 (a), (b) は音源の上昇角が $-30°$ および $0°$ の分布である。N1 はそれぞれ 5.25 kHz および 5.5 kHz に現れる。どちらの場合も，三角窩と耳甲介舟に腹が生じ，耳甲介腔に節が生じるが，腹と節の位置は音源の方向によってやや異なる。

図 (c), (d) は音源の上昇角が $30°$ および $50°$ の分布である。N1 はそれぞれ 6.25 kHz および 7.0 kHz に現れる。この場合，三角窩，耳甲介舟と耳甲介

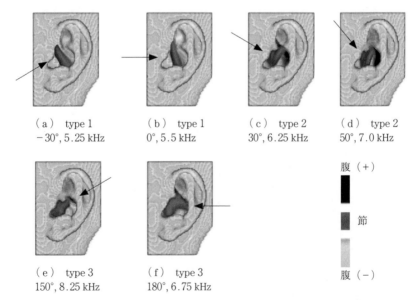

（a） type 1　　　（b） type 1　　　（c） type 2　　　（d） type 2
$-30°$, 5.25 kHz　　$0°$, 5.5 kHz　　$30°$, 6.25 kHz　　$50°$, 7.0 kHz

（e） type 3　　　（f） type 3
$150°$, 8.25 kHz　　$180°$, 6.75 kHz

腹 (+)

節

腹 (−)

**図 3.30**　耳介における音圧の腹と節の分布。矢印は音源方向を示す[12]。

腔の後方の一部にたがいに逆相の2つの腹が生じ，耳甲介腔に節が生じる。

　図(e),(f)は音源の上昇角が150°および180°の分布である。N1はそれぞれ8.25 kHzおよび6.75 kHzに現れる。この場合，耳甲介舟と三角窩に逆相の腹が生じ，この2つの腹の間から耳甲介腔にかけて節が生じる。

　さらに，外耳道入口に音源を置いて，ある周波数で励振して耳介の放射特性を調べると，特定の方向にN1の成因となる節線が生じることが明らかになった[32]。図3.31は耳介を図(a)5.75 kHz，図(b)5.95 kHz，図(c)6.35 kHzで励振して定常状態に達したときの瞬時音圧分布である。また，それぞれの図の2つの直線は励振周波数でN1が発生する上昇角を表しており，節線と一致する。その上昇角は図(a)では19°と221°，図(b)では26°と216°，図(c)では37°と186°である。励振周波数が上昇するにつれて耳介の前方の節線の上昇角は増加し，後方の節線の上昇角は減少する。

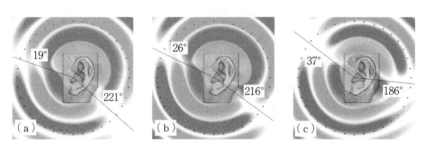

**図3.31** 耳介周辺における瞬時音圧分布。濃い灰色は音圧が正で絶対値が大きい部分，薄い灰色は音圧が負で絶対値が大きい部分を示す。黒の直線はそれぞれの周波数でN1が生じる上昇角[33]。

　これらより，耳甲介腔と耳甲介舟および三角窩にかけての部分に1つずつ同じ周波数を持ち，位相が異なる2つの放射点が生成され[12],[33]，放射された2つの正弦波の干渉で節線が生成されると考えられる。言い換えれば，ある周波数で耳介を励振したときに生じた節線上に音源が置かれたとき，その周波数でN1が生じると考えられる。

## 3.6 頭部伝達関数の学習

　耳入力信号から検知したスペクトラルキューにより方向を知覚するには，音源方向とスペクトラルキュー（ノッチ周波数の変化による音色の変化）の関係を学習により獲得しておく必要がある。

　成人に対して再学習を行った研究を紹介する[34]。被験者の耳甲介腔にポリエステルと蝋を詰めて，これまで学習してきたスペクトラルキューを無効にし（前後上下方向の知覚の精度が劣化することを確認），その状態で日常生活を続けさせた。その結果，スペクトラルキューを再学習して，精度の高い音像定位ができるようになるまでに3〜6週間必要であった。さらに，再学習が完了したあとに詰め物を外して本来の耳介に戻ると，詰め物があってもなくても，いずれにおいても精度よく音像定位できた。これより，音源方向とスペクトラルキューの関係を表す脳内のlook-up tableは，再学習により上書きされるのではなく，新たに作成されると考えられる。

　学習はヒトの耳介の発育段階で継続して行われているものと考えられるが，ヒトの耳介の前後幅は3〜4歳，上下幅も9〜10歳で成人の大きさに達する[35]。したがって，学習は子供の頃に終了していると考えられる。

## 3.7 音源信号の知識

　受聴者が聴いているのは，頭部伝達関数ではなく耳入力信号である。耳入力信号は，音源信号と空間伝達関数と頭部伝達関数のスペクトル上の複素乗算で表される。このように，耳入力信号のスペクトルは頭部伝達関数では一意に決まらないため，ヒトは頭部伝達関数に含まれるスペクトラルキューだけではなく，音源信号のスペクトルも学習しているのだろうかという疑問が湧く。例えば，被験者が聴いたことのある音源信号と聴いたことのない音源信号で，音像定位精度は異なるのだろうか。これを確認した実験の結果を図3.32および図

3.33 に示す[36]。図 3.32（a）は被験者がよく知っている人の声，図（b）は知らない人の声に対する正中面音像定位の結果である。一方，図 3.33（a）はヴァイオリンソロ（4秒間），図（b）は図（a）の平均スペクトルと同じスペクトルを持つ定常ノイズに対する正中面音像定位の結果である。これらの結果より，音源信号に対する知識の有無は定位精度にほとんど影響を及ぼさないことがわかる。つまり，ヒトは音源信号のスペクトルの違いまで学習しているとは考えられない。

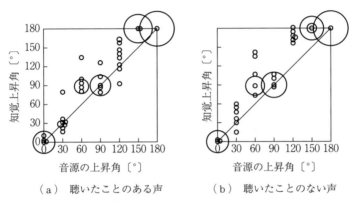

（a）聴いたことのある声　　（b）聴いたことのない声

**図 3.32** 被験者が聴いたことのある声と，聴いたことのない声に対する正中面音像定位[36]

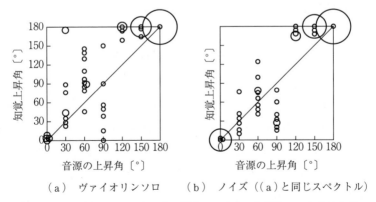

（a）ヴァイオリンソロ　　（b）ノイズ（(a)と同じスペクトル）

**図 3.33** ヴァイオリンソロと，その平均スペクトルと同じスペクトルを持つ定常ノイズに対する正中面音像定位[36]

## 3.8 ノッチ検出の生理的機構

ノッチを検知する生理的な機構は存在するのだろうか？ ネコを用いた実験により，**背側蝸牛神経核**（dorsal cochlear nucleus，**DCN**）が頭部伝達関数のノッチを識別すること，さらに DCN のタイプ IV ニューロンが，ノッチの中心周波数ではなく，ノッチの高域側のエッジを抽出することが明らかになっている[37]。

また，ヒトの上昇角知覚モデルにおいても，このようなノッチの高域側のエッジ抽出機能は，さまざまなスペクトルを持つ音源信号に対するロバスト性の観点から重要であることが示されている[38]。

ノッチの高域側のエッジが重要であるという説は，2.2.2 項で紹介した「大きな耳介の頭部伝達関数は小さな耳介の受聴者にも適用できる傾向が強い」ことを定性的に支持している。つまり，大きな耳介の頭部伝達関数のノッチ周波数は小さな耳介の頭部伝達関数よりも低いため，その高域側のエッジは小さな耳介の頭部伝達関数のノッチの中に含まれるが，小さな耳介の頭部伝達関数のノッチの高域側のエッジは，大きな耳介の頭部伝達関数においてはノッチの（高域側の）外となると解釈される。今後の詳細な研究が期待される。

## 3.9 頭 部 運 動

ここまで，頭部を静止した状態での方向知覚について議論してきた。前後方向の知覚のもう1つの手掛かりとして，頭部運動が考えられる。音刺激の継続中に頭を動かすと，その動きによって，両耳の鼓膜上の信号が変化する。例えば，音像の前後方向が不確かな際，頭を右に回転させて音像が左に移動すれば音源は前方にあると判断できる。

頭部運動の効果は音像定位実験により確認されている[39)~41)]。無響室内の水平面に 30°間隔で設置した12個のスピーカのうち1つから帯域制限をかけたピ

ンクノイズを再生する音像定位実験が行われた．その前後誤判定率を**図3.34**に示す[41]．図中，白抜きの四角柱は頭部固定条件，黒塗りの四角柱は頭部回転が許可された条件を表し，LPNは遮断周波数1kHzの低域通過ノイズ，HPNは遮断周波数3kHzの高域通過ノイズ，PNはピンクノイズ，( )の数値は提示時間を表す．前後方向知覚のスペクトラルキューが失われるLPNにおいては，頭部固定条件では前後誤判定率は20%程度となるが，頭部回転を許容すると数%以下となる．

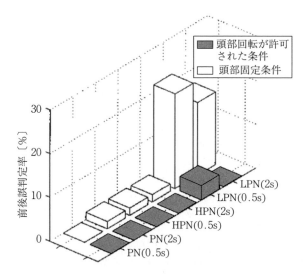

**図3.34** 頭部固定条件および頭部回転が許可された条件での水平面内音像定位の前後誤判定率[41]

このように，頭部運動を促すよう指示された実験においては音像定位精度が向上することは間違いない．しかし，ヒトが実際にこの手掛かりを使っているかどうかは，また別の問題である．獲物のたてる音によりその方向を同定して捕獲しているメンフクロウでさえ，頭を動かすことを手掛かりとはしていない[42]．メンフクロウは頭の方向を変えて音源を探すのではなく，音源の位置は頭を動かす前に定めて，それを覚えて頭をその方向に向けている．同様にヒトも頭を動かすことなく音の方向を知覚できる．むしろ，音の方向を確認するた

めに自発的に頭を動かすことはまれである[43]。

# 引用・参考文献

1) M. Morimoto and Y. Ando : On the simulation of sound localization, J. Acoust. Soc. Jpn (E), **1**, pp.167–174 (1980)
2) 森本政之, 斉藤明博：音の正中面定位について：刺激の周波数範囲と強さの影響について, 日本音響学会聴覚研究会資料, H-40-1 (1977)
3) J. Hebrank and D. Wright : Spectral cues used in the localization of sound sources on the median plane, J. Acoust. Soc. Am., **56**, pp.1829–1834 (1974)
4) V. R. Algazi, C. Avendano, and R. O. Duda : Elevation localization and head-related transfer function analysis at low frequencies, Acoust. Soc. Am., **109**, pp.1110–1122 (2001)
5) A. Butler and K. Belendiuk : Spectral cues utilizes in the localization of sound in the median sagittal plane, J. Acoust. Soc. Am., **61**, pp.1264–1269 (1977)
6) S. Mehrgardt and V. Mellert : Transformation characteristics of the external human ear, J. Acoust. Soc. Am., **61**, pp.1567–1576 (1977)
7) D. Musicant and R. A. Butler : The influence of pinnae-based spectral cues on sound localization, J. Acoust. Soc. Am., **75**, pp.1195–1200 (1984)
8) E. A. G. Shaw and R. Teranishi : Sound pressure generated in an external-ear replica and real human ears by a nearby point source, J. Acoust. Soc. Am., **44**, pp.240–249 (1968)
9) M. B. Gardner and R. O. S. Gardner : Problem of localization in the median plane : effect of pinnae cavity occlusion, J. Acoust. Soc. Am., **53**, pp.400–408 (1973)
10) E. A. Lopez-Poveda and R. Meddis : A physical model of sound diffraction and reflections in the human concha, J. Acoust. Soc. Am., **100**, pp.3248–3259 (1996)
11) K. Iida, M. Yairi, and M. Morimoto : Role of pinna cavities in median plane localization, 16th International Congress on Acoustics (Seattle), pp.845–846 (1998)
12) H. Takemoto, P. Mokhtari, H. Kato, R. Nishimura, and K. Iida : Mechanism for generating peaks and notches of head-related transfer functions in the median plane, J. Acoust. Soc. Am., **132**, pp.3832–3841 (2012)
13) V. C. Raykar, R. Duraiswami, and B. Yegnanarayana : Extracting the frequencies of the pinna spectral notches in measured head related impulse responses, J. Acoust. Soc. Am., **118**, pp.364–374 (2005)
14) F. Asano, Y. Suzuki, and T. Sone : Role of spectral cues in median plane localization, J. Acoust. Soc. Am., **88**, pp.159–168 (1990)

15) J. C. Middlebrooks : Narrow-band sound localization related to external ear acoustics, J. Acoust.Soc. Am., **92**, pp.2607-2624（1992）
16) A. Kulkarni and H. S. Colburn : Role of spectral detail in sound-source localization, Nature, **396**, pp.747-749（1998）
17) J. C. Middlebrooks : Virtual localization improved by scaling nonindividualized external-ear transfer functions in frequency, J. Acoust. Soc. Am., **106**, pp.1493-1510（1999）
18) E. H. A. Langendijk and A. W. Bronkhorst : Contribution of spectral cues to human sound localization, J. Acoust. Soc. Am., **112**, pp.1583-1596,（2002）
19) E. A. Macpherson and A. T. Sabin : Vertical-plane sound localization with distorted spectral cues, Hearing Research, **306**, pp.76-92（2013）
20) P. X. Zhang and W. M. Hartmann : On the ability of human listeners to distinguish between front and back, Hear Research, **260**, pp.30-46（2010）
21) B. C. J. Moore, S. R. Oldfield, and G. J. Doole : Detection and discrimination of spectral peaks and notches at 1 and 8kHz, J. Acoust. Soc. Am., **85**, pp.820-836（1989）
22) K. Iida, M. Itoh, A. Itagaki, and M. Morimoto : Median plane localization using parametric model of the head-related transfer function based on spectral cues, Appl. Acoust. **68**, pp. 835-850（2007）
23) E. A. G. Shaw : Acoustical features of the human external ear, binaural and spatial hearing in real and virtual environments, Edited by R. H. Gilkey and T. R. Anderson, Lawrence Erlbaum Associates, Publishers Mahwah, New Jersey, pp.25-47（1997）
24) Y. Kahana and P. A. Nelson : Numerical modelling of the spatial acoustic response of the human pinna, J. Sound and Vibration, **292**, pp.148-178（2006）
25) 飯田一博，石井要次：頭部伝達関数の第2ピークが正中面上方の音像定位に及ぼす影響，日本音響学会電気音響研究会資料，EA2016-1（2016）
26) M. Morimoto : The contribution of two ears to the perception of vertical angle in sagittal planes J. Acoust. Soc. Am., **109**, pp.1596-1603（2001）
27) 飯田一博，林英吾，伊藤元邦，森本政之：正中面定位における両耳スペクトルの役割，日本音響学会講演論文集，pp.295-296（2000.9）
28) 竹本浩典，P. Mokhtari，加藤宏明，西村竜一，飯田一博：頭部伝達関数のピーク・ノッチに対する頭部形状の個人差の影響，日本音響学会講演論文集，pp.523-526（2009.9）
29) 飯田一博，岩根雅美，矢入幹記，森本政之：正中面定位における耳介各部位の役割，日本音響学会講演論文集，pp.439-440（1997.3）
30) 土屋宏樹，竹本浩典，飯田一博：耳介の窪みの寸法と頭部伝達関数の第2ピークの関係――直方体の窪みで構成した耳介モデルを用いた検討――，日本音響学会講演論文集，pp.847-850（2013.9）

31) 蒲生直和, 石井要次, 飯田一博：仰角知覚のスペクトラルキューの形成における 初期頭部インパルス応答の寄与, 日本音響学会講演論文集, pp.517–520 (2011.3)
32) 竹本浩典, P. Mokhtari, 加藤宏明, 西村竜一, 飯田一博：正中面の耳介伝達関数における第1ノッチが生じる仰角と周波数の関係, 日本音響学会講演論文集 pp.843–846 (2013.9)
33) 竹本浩典, P. Mokhtari, 加藤宏明, 西村竜一, 飯田一博：耳介周辺の音場の音響インテンシティ解析, 日本音響学会講演論文集, pp.459–462 (2012.9)
34) P. M. Hofman, J. G. A. Van Riswick, and A. J. Van Opstal：Relearning sound localization with new ears, nature neuroscience, **1**, pp.417–421 (1998)
35) 小西静雄：ひと耳介・頭・身長の発育計測値の比較, 耳鼻と臨床, **23**, pp.433–437 (1977)
36) 飯田一博, 林英吾, 森本政之：正中面定位における音源信号スペクトルの a priori な知識について, 日本音響学会講演論文集, pp.597–598 (1999.9)
37) L. A. J. Reiss and E. D. Young：Spectral edge sensitivity in neural circuits of the dorsal cochlear nucleus, J. Neuroscience, **25**, pp.3680–3691 (2005)
38) R. Baumgartner, P. Majdak, and B. Laback：Modeling sound-source localization in sagittal planes for human listeners, J. Acoust. Soc. Am., **136**, pp.791–802 (2014)
39) S. Perrett and W. Noble：The effect of head rotations on vertical plane sound localization, J. Acoust. Soc. Am., **104**, pp.2325–2332 (1997)
40) M. Kato, H. Uematsu, M. Kashio, and T. Hirahara：The effect of head motion on the accuracy of sound localization, Acoust. Sci. & Tech., **24**, pp.315–317 (2003)
41) Y. Iwaya, Y. Suzuki, and D. Kimura：Effects of head movement on front-back error in sound localization, Acoust. Sci. & Tech., **24**, pp.322–324 (2003)
42) 小西正一：フクロウの音源定位の脳機構, 科学, **60**, pp.18–28 (1990)
43) R. Nojima, M. Morimoto, H. Sato, and H. Sato：Do spontaneous head movements occur during sound localization?, J. Acoust. Sci. & Tech. **34**, pp.292–295 (2013)

# 4 頭部伝達関数の個人性

2, 3章で述べたように,本人の頭部伝達関数を再現すると精度の良い音像定位ができるが,他人の頭部伝達関数では前後誤判定や音像の上昇,頭内定位などが発生する。

頭部伝達関数を利用した音像制御や音場再生が長い研究の歴史を持つにも関わらず,真の意味で実用化に至っていない最大の理由は頭部伝達関数の個人差を克服できていないことにある。これまでの「特定の受聴者にしか実感できない3次元音響」から脱却し,「誰にでも実感できる3次元音響」に進化させるために,1990年代以降多くの研究が進められてきた。その結果,「誰にでも実感できる3次元音響」の実現はもうそこまできているといってよい。

本章では,その実現に向けたこれまでの取組みと最新の研究成果を詳しく説明する。

## 4.1 頭部伝達関数の個人差

まず,頭部伝達関数にどの程度の個人差があるのかを,振幅スペクトル,スペクトラルキュー,両耳間差キュー(両耳間時間差,両耳間レベル差)の3つの観点から述べる。

### 4.1.1 振幅スペクトルの個人差

日本人の成人10名の上半球正中面7方向(0〜180°,30°間隔)の頭部伝達関数を図4.1に示す。いずれの方向においても,4 kHz程度までは個人差は

**64**　　4. 頭部伝達関数の個人性

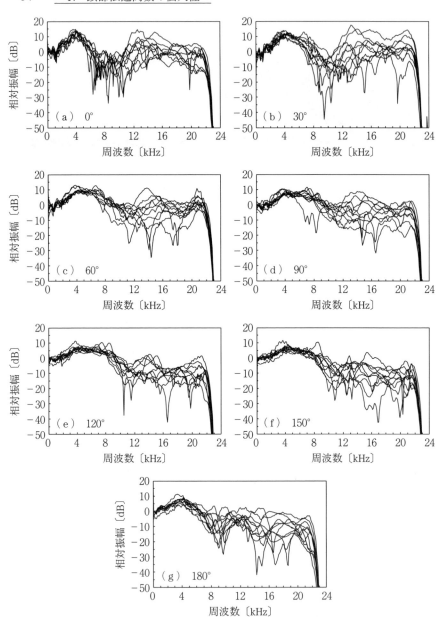

**図 4.1**　日本人の成人 10 名の上半球正中面の頭部伝達関数

少ないが，それ以上の周波数ではノッチやピークの周波数もレベルも受聴者によって大きく異なる。波長との関係から耳介形状が頭部伝達関数に影響を及ぼすのは約 4 kHz 以上と考えられる。したがって，頭部伝達関数の振幅スペクトルの個人差はおもに耳介形状の個人差によって生じていると考えられる。

### 4.1.2 スペクトラルキューの個人差

振幅スペクトルの個人差をさらに詳細に分析するために，N1 周波数と N2 周波数の個人差を分析した。成人 74 名（148 耳）の上半球正中面 7 方向（0 ～ 180°，30°間隔）の N1 周波数と N2 の周波数の分布を**図 4.2** に示す。また，その個人差を**表 4.1** および**表 4.2** に示す。3 章で述べたように，N1 周波数は音源の上昇角が 0°から 120°付近まで増加するにつれて高くなり，そこから 180°に向かって低くなる傾向がみられる。0°と 180°では分布はほぼ重なっている。N2 周波数は 0°から 120°付近になるにつれて高くなるが，120°から

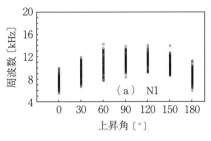 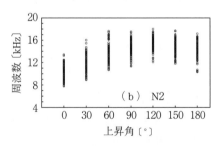

**図 4.2** 成人 74 名（148 耳）の上半球正中面 7 方向（0 ～ 180°，30°間隔）の N1，N2 周波数の分布

**表 4.1** 成人 74 名（148 耳）の上半球正中面 7 方向（0 ～ 180°，30°間隔）の N1 周波数の個人差〔Hz〕

| N1 | 上昇角〔°〕 | | | | | | |
|---|---|---|---|---|---|---|---|
| | 0 | 30 | 60 | 90 | 120 | 150 | 180 |
| 平均値 | 7 668 | 8 904 | 10 369 | 11 151 | 11 422 | 10 702 | 8 600 |
| 最大値 | 9 938 | 11 906 | 14 250 | 13 875 | 14 063 | 13 969 | 11 250 |
| 最小値 | 5 450 | 6 650 | 7 688 | 8 344 | 9 188 | 8 625 | 5 906 |
| 個人差 | 4 488 | 5 256 | 6 563 | 5 531 | 4 875 | 5 344 | 5 344 |
| オクターブ | 0.87 | 0.84 | 0.89 | 0.73 | 0.61 | 0.70 | 0.93 |

**表4.2** 成人74名（148耳）の上半球正中面7方向（0〜180°，30°間隔）のN2周波数の個人差〔Hz〕

| N2 | 上昇角〔°〕 | | | | | | |
|---|---|---|---|---|---|---|---|
| | 0 | 30 | 60 | 90 | 120 | 150 | 180 |
| 平均値 | 10 354 | 11 806 | 13 584 | 14 519 | 15 147 | 14 613 | 14 176 |
| 最大値 | 13 406 | 16 031 | 17 625 | 17 531 | 18 000 | 17 719 | 17 156 |
| 最小値 | 7 781 | 8 906 | 10 688 | 11 344 | 12 094 | 11 800 | 10 313 |
| 個人差 | 5 625 | 7 125 | 6 938 | 6 188 | 5 906 | 5 919 | 6 844 |
| オクターブ | 0.78 | 0.85 | 0.72 | 0.63 | 0.57 | 0.59 | 0.73 |

180°の間の変化は小さい。N2でも上昇角間で分布が重なっている。ある被験者のある上昇角のN1周波数とN2周波数は，別の被験者にとっては30°以上異なる上昇角のN1周波数とN2周波数に相当する場合がある。

また，N1周波数は60°を除いた全方向で，N2周波数は0, 30, 90°で正規分布するとみなせた（$p<0.05$）。しかし，N1の60°，N2の60, 120, 150°では低い周波数に偏って分布し，N2の180°では高い周波数に偏って分布している。

各上昇角のN1周波数の個人差は0.61〜0.93オクターブ，N2周波数の個人差は0.57〜0.85オクターブである。正面方向のN1周波数とN2周波数の上昇角知覚に関する**弁別閾**（いき）（just-noticeable difference, **JND**）は0.1〜0.2オクターブ程度であるため[1]，N1周波数とN2周波数の個人差は上昇角の知覚に顕著な影響を及ぼすと考えられる。

一方，P1周波数については，3章で述べたように音源の上昇角に依存しない。正面方向の成人61名（122耳）のP1周波数の個人差を**表4.3**に示す。P1周波数の個人差は0.60オクターブであり，N1周波数とN2周波数の個人差（それぞれ0.87, 0.78オクターブ）より小さい。

正面方向のP1周波数の上昇角知覚に関する弁別閾は高域側で0.35オクター

**表4.3** 成人61名（122耳）の正面方向のP1周波数の個人差〔Hz〕

| 平均値 | 最大値 | 最小値 | 個人差 | オクターブ |
|---|---|---|---|---|
| 4 059 | 5 250 | 3 469 | 1 781 | 0.60 |

ブ，低域側で 0.47 オクターブである[2]。したがって，中央値で代表すれば，P1 周波数の個人差は上昇角知覚にほとんど影響を及ぼさないと考えられる。

### 4.1.3 両耳間時間差の個人差

日本人の成人 33 名（男性 27 名，女性 6 名）の水平面 12 方向の両耳間時間差（ITD）を**図 4.3** に示す[3]。正の値は右耳の到達時刻が早いことを表す。いずれの被験者においても，両耳間時間差は真横（90°，270°）で最大となる。0°，180°でゼロとはならない被験者がいるが，これは頭部形状の左右非対称性によるものと考えられる。

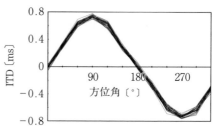

**図 4.3** 成人 33 名（男性 27 名，女性 6 名）の水平面 12 方向の両耳間時間差

**表 4.4** に各方向の両耳間時間差の最大値，最小値，個人差（最大値－最小値）を示す。各方位角における個人差は 83.3～148.4 µs であった。真横（90°，270°）では小さく，60°，120°，240°，300°（真横±30°）で大きい傾向にある。90°の両耳間時間差の分布範囲は 60°のそれと重なる。同様に 270°の両耳間時間差の分布範囲は 240°，300°のそれと重なる。

**表 4.4** 成人 33 名（男性 27 名，女性 6 名）の水平面 12 方向の両耳間時間差の個人差〔µs〕

|  | 0° | 30° | 60° | 90° | 120° | 150° |
|---|---|---|---|---|---|---|
| 最大値 | 26.0 | 354.2 | 692.7 | 778.6 | 669.3 | 330.7 |
| 最小値 | −65.1 | 265.6 | 578.1 | 692.7 | 546.9 | 234.4 |
| 個人差 | 91.1 | 88.6 | 114.6 | 85.9 | 122.4 | 96.3 |
|  | 180° | 210° | 240° | 270° | 300° | 330° |
| 最大値 | 70.3 | −210.9 | −539.1 | −679.7 | −580.7 | −273.4 |
| 最小値 | −28.6 | −325.5 | −687.5 | −763.0 | −710.9 | −393.2 |
| 個人差 | 98.9 | 114.6 | 148.4 | 83.3 | 130.2 | 119.8 |

広帯域信号における両耳間時間差の弁別閾は，正面方向において 19 µs，側方において 72 µs であると報告されている[4)～6)]。したがって，他人の両耳間時

間差を用いると目標の方位角との違い（ずれ）が検知される場合がある。

### 4.1.4 両耳間レベル差の個人差

両耳間時間差と同じ被験者（成人33名）の水平面12方向の両耳間レベル差を**図4.4**に示す。両耳間レベル差（ILD）は周波数によって異なるので，中心周波数が500 Hzから8 kHzまでの5つの1/3オクターブバンドの値を示す。正の値は右耳のレベルが大きいことを表す。方位角による両耳間レベル差の違いは500 Hzでは±10 dB以内であるが，8 kHzでは被験者によっては±30 dB

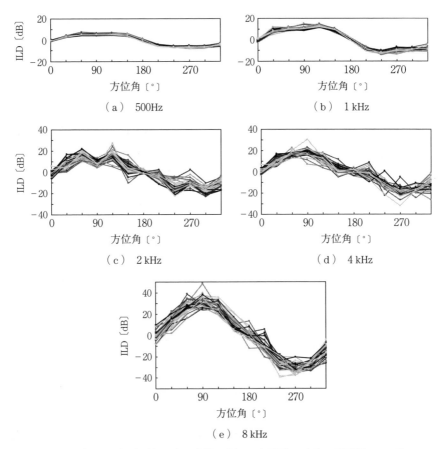

（a） 500 Hz

（b） 1 kHz

（c） 2 kHz

（d） 4 kHz

（e） 8 kHz

**図4.4** 成人33名（男性27名，女性6名）の水平面12方向の両耳間レベル差

程度に達する。また，両耳間レベル差は側方で最大となるが，周波数が高くなると 90°よりも 120°，270°よりも 240°のほうが大きくなる被験者もいる。これは耳介の影響であると考えられる。

**表 4.5 〜 表 4.9** に各方位角の両耳間レベル差の最大値，最小値，個人差（最大値−最小値）を示す。個人差は周波数が高くなると増大し，500 Hz では 1.9 〜 3.4 dB，1 kHz では 2.8 〜 7.2 dB，2 kHz では 4.6 〜 26.2 dB，4 kHz では 8.3 〜 27.1 dB，8 kHz では 16.0 〜 26.1 dB であった。

両耳間レベル差の弁別閾は 1 dB 程度であると報告されており[7),8)]，これと比較すると個人差の影響は十分に大きい。音像の側方角を制御したり，再現した

**表 4.5** 成人 33 名の中心周波数 500 Hz の 1/3 オクターブバンドの両耳間レベル差の個人差〔dB〕

|  | 0° | 30° | 60° | 90° | 120° | 150° |
|---|---|---|---|---|---|---|
| 最大値 | 0.9 | 5.1 | 8.1 | 7.2 | 7.5 | 6.7 |
| 最小値 | −1.6 | 3.0 | 4.7 | 4.6 | 4.9 | 3.6 |
| 個人差 | 2.5 | 2.1 | 3.4 | 2.6 | 2.7 | 3.0 |
| 平均値 | −0.3 | 4.2 | 6.0 | 5.9 | 5.9 | 4.9 |
|  | 180° | 210° | 240° | 270° | 300° | 330° |
| 最大値 | 1.7 | −3.4 | −4.8 | −4.5 | −4.6 | −2.6 |
| 最小値 | −1.3 | −5.9 | −6.6 | −7.8 | −7.8 | −5.7 |
| 個人差 | 3.0 | 2.4 | 1.9 | 3.3 | 3.1 | 3.2 |
| 平均値 | 0.3 | −4.7 | −5.9 | −5.9 | −6.0 | −4.4 |

**表 4.6** 1 kHz の両耳間レベル差の個人差〔dB〕

|  | 0° | 30° | 60° | 90° | 120° | 150° |
|---|---|---|---|---|---|---|
| 最大値 | 1.2 | 11.8 | 12.8 | 14.9 | 14.8 | 10.7 |
| 最小値 | −2.8 | 4.6 | 8.0 | 8.3 | 11.0 | 6.3 |
| 個人差 | 4.0 | 7.2 | 4.9 | 6.6 | 3.9 | 4.5 |
| 平均値 | −0.5 | 8.5 | 10.4 | 10.1 | 12.4 | 8.5 |
|  | 180° | 210° | 240° | 270° | 300° | 330° |
| 最大値 | 1.7 | −6.4 | −10.0 | −7.0 | −7.1 | −4.2 |
| 最小値 | −1.0 | −10.8 | −14.3 | −14.0 | −11.5 | −11.2 |
| 個人差 | 2.8 | 4.5 | 4.4 | 7.1 | 4.5 | 7.0 |
| 平均値 | 0.4 | −8.2 | −12.4 | −9.8 | −10.0 | −8.2 |

4. 頭部伝達関数の個人性

表 4.7　2 kHz の両耳間レベル差の個人差〔dB〕

|  | 0° | 30° | 60° | 90° | 120° | 150° |
|---|---|---|---|---|---|---|
| 最大値 | 5.7 | 22.0 | 23.1 | 14.6 | 27.2 | 16.0 |
| 最小値 | -6.1 | 0.2 | 9.8 | 4.1 | 5.0 | -10.2 |
| 個人差 | 11.8 | 21.8 | 13.2 | 10.6 | 22.2 | 26.2 |
| 平均値 | -0.5 | 9.1 | 16.3 | 9.1 | 16.1 | 2.6 |
|  | 180° | 210° | 240° | 270° | 300° | 330° |
| 最大値 | 3.0 | 2.3 | -1.8 | 2.2 | -10.5 | -3.6 |
| 最小値 | -1.7 | -12.7 | -23.3 | -17.3 | -23.2 | -17.2 |
| 個人差 | 4.6 | 15.0 | 21.4 | 19.5 | 12.7 | 13.6 |
| 平均値 | 0.3 | -4.1 | -14.6 | -9.7 | -17.3 | -10.0 |

表 4.8　4 kHz の両耳間レベル差の個人差〔dB〕

|  | 0° | 30° | 60° | 90° | 120° | 150° |
|---|---|---|---|---|---|---|
| 最大値 | 6.4 | 19.2 | 22.4 | 30.1 | 17.5 | 11.3 |
| 最小値 | -3.5 | 4.4 | 12.5 | 6.7 | 3.2 | -5.4 |
| 個人差 | 9.9 | 14.8 | 10.0 | 23.4 | 14.3 | 16.6 |
| 平均値 | 0.0 | 10.4 | 16.6 | 18.4 | 11.4 | 2.4 |
|  | 180° | 210° | 240° | 270° | 300° | 330° |
| 最大値 | 3.9 | 8.3 | 0.4 | -5.4 | -10.9 | -1.6 |
| 最小値 | -4.4 | -10.1 | -22.7 | -32.4 | -24.9 | -26.6 |
| 個人差 | 8.3 | 18.4 | 23.1 | 27.1 | 13.9 | 25.0 |
| 平均値 | 0.0 | -2.5 | -12.1 | -19.7 | -16.8 | -12.0 |

表 4.9　8 kHz の両耳間レベル差の個人差〔dB〕

|  | 0° | 30° | 60° | 90° | 120° | 150° |
|---|---|---|---|---|---|---|
| 最大値 | 9.7 | 23.5 | 38.8 | 48.5 | 35.9 | 21.1 |
| 最小値 | -8.6 | 1.7 | 15.9 | 22.5 | 18.3 | -2.3 |
| 個人差 | 18.2 | 21.7 | 22.9 | 26.0 | 17.6 | 23.4 |
| 平均値 | -0.3 | 14.0 | 27.1 | 31.0 | 25.7 | 10.5 |
|  | 180° | 210° | 240° | 270° | 300° | 330° |
| 最大値 | 13.1 | 5.5 | -14.7 | -20.5 | -17.8 | -4.5 |
| 最小値 | -12.5 | -20.6 | -40.0 | -38.0 | -33.8 | -26.3 |
| 個人差 | 25.7 | 26.1 | 25.3 | 17.5 | 16.0 | 21.8 |
| 平均値 | 0.7 | -10.0 | -25.7 | -30.8 | -26.6 | -15.0 |

りするには，受聴者の両耳間レベル差の精度よい再現が必要となる．

## 4.2 耳介形状および頭部形状の個人差

前節で述べた頭部伝達関数の個人差は，受聴者の耳介形状や頭部形状の違いにより生じていると考えられる．ここでは，これらの個人差について論じる．

### 4.2.1 耳介形状の個人差

日本人の成人 111 名（222 耳）について，ノッチとピークの形成に寄与する耳甲介腔，耳甲介舟，舟状窩を含めた耳介の 13 箇所（**図 4.5**）の計測結果を**図 4.6** および**表 4.10** に示す[9]．これらは，あらかじめ被験者から採取しておいた耳型からディジタルノギスによって計測された．ここで，$x_{10}$ は耳甲介腔の最も深い位置（$\text{Depth}_{\max}$）までの距離である．耳介の傾き（$x_{13}$）については 21 名（42 耳）分のみで，側頭部の写真から横断面と $x_9$ のなす角により求めた．

計測値の分布範囲は耳介部位により異なるが 10 ～ 30 mm である．一方，耳介の傾きは 10 ～ 40°の広い範囲に分布する．また，それぞれの耳介部位の寸

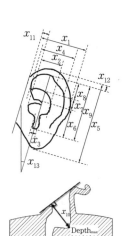

| 計測部位 | 名　称 |
|---|---|
| $x_1$ | 最大耳幅 |
| $x_2$ | 耳甲介腔の最大幅 |
| $x_3$ | 珠間切痕の最大幅 |
| $x_4$ | 耳輪の最大幅 |
| $x_5$ | 最大耳長 |
| $x_6$ | 耳甲介腔の長さ |
| $x_7$ | 耳甲介舟の長さ |
| $x_8$ | 舟状窩の高さ |
| $x_9$ | 耳介の内寸 |
| $x_{10}$ | 耳甲介腔の深さ |
| $x_{11}$ | 耳底線から珠上切痕の幅 |
| $x_{12}$ | 最大耳長をとる線分内の耳輪の長さ |
| $x_{13}$ | 耳介の傾き |

**図 4.5**　耳介の計測部位

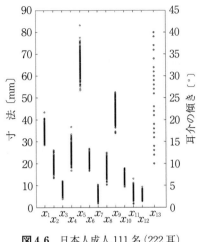

**図 4.6** 日本人成人 111 名（222 耳）の耳介寸法の計測値

**表 4.10** 耳介寸法の計測値

| 計測部位 | 平均 〔mm〕 | 最大 〔mm〕 | 最小 〔mm〕 | 標準偏差 〔mm〕 | 変動係数 |
|---|---|---|---|---|---|
| $x_1$ | 34.4 | 43.4 | 28.4 | 2.9 | 0.08 |
| $x_2$ | 19.3 | 26.1 | 13.4 | 2.2 | 0.11 |
| $x_3$ | 8.5 | 12.0 | 3.8 | 1.6 | 0.19 |
| $x_4$ | 25.5 | 36.8 | 16.8 | 3.2 | 0.13 |
| $x_5$ | 65.7 | 83.2 | 53.5 | 4.7 | 0.07 |
| $x_6$ | 21.1 | 26.7 | 16.6 | 1.8 | 0.08 |
| $x_7$ | 5.7 | 10.3 | 1.7 | 1.7 | 0.30 |
| $x_8$ | 17.7 | 25.0 | 10.4 | 2.8 | 0.16 |
| $x_9$ | 44.5 | 52.6 | 33.8 | 4.0 | 0.09 |
| $x_{10}$ | 13.5 | 17.7 | 9.3 | 1.6 | 0.12 |
| $x_{11}$ | 6.5 | 13.0 | 1.5 | 1.9 | 0.29 |
| $x_{12}$ | 5.8 | 9.3 | 2.8 | 1.3 | 0.22 |
| $x_{13}$ | 25.4° | 40° | 10° | 8.1° | 0.32 |

法は，シャピロ-ウィルク検定により，$x_9$ を除き正規分布しているとみなせる（$p<0.05$）。$x_9$ は計測値が大きいほうに偏って分布している。

つぎに，変動係数（relative standard deviation, RSD）を用いて個人差の大小を考えてみる。変動係数は標準偏差を平均値で除算したもので（式 (4.1)）相対的なばらつきを表す。

$$RSD = \frac{\sigma}{\bar{x}} \tag{4.1}$$

ここで，$\sigma$ は標準偏差，$\bar{x}$ は平均値である。

耳介部位により変動係数に違いがみられる（0.07～0.32）。耳介の傾き（$x_{13}$），耳甲介舟の長さ（$x_7$），耳底線から珠上切痕の幅（$x_{11}$）では変動係数は大きく，最大耳長（$x_5$），最大耳幅（$x_1$），耳甲介腔の長さ（$x_6$）では小さい。

3.4.3 項で紹介したスペクトラルノッチの成因をかんがみると，$x_6$ および $x_7$ の個人差が N1 周波数の個人差に関連していると考えられるが，上で述べたように，$x_7$ の変動係数は大きいが $x_6$ は小さい。これらの関係については，さらなる研究が必要である。

一方，P1 の生成に寄与する耳甲介腔について着目すると，耳甲介腔の最大

幅 ($x_2$), 長さ ($x_6$), および深さ ($x_{10}$) はいずれも変動係数が小さく, P1 の個人差が小さいことと対応している。

### 4.2.2 頭部形状の個人差

両耳間差の個人差はおもに頭部形状の個人差に起因すると考えられる。4.1.3項および4.1.4項と同一の33名の被験者の15箇所の頭部形状 (**図4.7**) の計測結果を**表4.11**に示す[3]。$x_1$, $x_5$ はディジタルノギス, $x_{21}$, $x_{22}$, $x_{24}$, $x_{29}$ は触角計, $x_{23}$, $x_{25}$, $x_{26}$, $x_{28}$ は巻尺を用いて計測した。最小読取値は, ディジタルノギスでは 0.01 mm, 触角計と巻尺では 1 mm である。

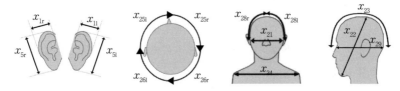

**図4.7** 頭部寸法の計測部位

**表4.11** 頭部寸法の計測値 [mm]

| 計測部位 | 平均 | 最大 | 最小 | 個人差 | 標準偏差 | 変動係数 |
|---|---|---|---|---|---|---|
| $x_{1l}$ | 31.79 | 35.32 | 27.55 | 7.77 | 2.1 | 0.066 |
| $x_{1r}$ | 33.47 | 36.8 | 27.09 | 9.71 | 2.3 | 0.069 |
| $x_{5l}$ | 63.32 | 72.44 | 51.4 | 21.04 | 4.4 | 0.070 |
| $x_{5r}$ | 62.67 | 71.38 | 50.7 | 20.68 | 4.5 | 0.071 |
| $x_{21}$ | 143 | 152 | 134 | 18 | 5.6 | 0.039 |
| $x_{22}$ | 246 | 266 | 227 | 39 | 9.9 | 0.040 |
| $x_{23}$ | 420 | 461 | 386 | 75 | 16.6 | 0.039 |
| $x_{24}$ | 393 | 439 | 337 | 102 | 23.9 | 0.061 |
| $x_{25l}$ | 152 | 167 | 136 | 31 | 7.4 | 0.049 |
| $x_{25r}$ | 159 | 185 | 148 | 37 | 8.1 | 0.051 |
| $x_{26l}$ | 144 | 163 | 130 | 33 | 8.1 | 0.056 |
| $x_{26r}$ | 145 | 176 | 120 | 56 | 12.0 | 0.083 |
| $x_{28l}$ | 195 | 217 | 176 | 41 | 8.2 | 0.042 |
| $x_{28r}$ | 197 | 211 | 185 | 26 | 7.2 | 0.036 |
| $x_{29}$ | 185 | 201 | 170 | 31 | 7.9 | 0.043 |

変動係数は, すべての部位において耳介 (表4.10) と比べて1桁小さい。つまり, 頭部の個人差は耳介のそれと比べて小さい。頭部において変動係数が比較的大きいのは頭周 ($x_{25}$, $x_{26}$) と肩幅 ($x_{24}$) である。これらは両耳間時間差および両耳間レベル差と密接に関連すると考えられる。

## 4.3 頭部伝達関数の標準化

頭部伝達関数の個人差を解決する方法の1つとして,「標準頭部伝達関数」が考えられる。多くの(100%でなくとも)受聴者に対して音像制御が可能となる標準頭部伝達関数を作成すること(あるいは見つけ出すこと)ができれば,3次元音響システムの普及は飛躍的に進む。

### 4.3.1 ダミーヘッドの頭部伝達関数による方向知覚

このような標準化を目指して,種々のダミーヘッド(擬似頭)が開発された[10),11)]。しかしながら,多くの被験者の頭部や耳介形状の代表的な値を用いて開発されたダミーヘッドは,結果的には多くの受聴者と一致しない頭部伝達関数の持ち主となってしまった。

**図4.8**はダミーヘッド(B&K, Type 4128C)の頭部伝達関数を用いた正中面音像定位実験結果である[12)]。刺激の提示にはFEC(12章参照)とみなせるヘッドホン(AKG, K1000)を用い,ヘッドホン–外耳道入口の伝達関数は±1.5 dBの範囲で補正している。

被験者TCYでは,本人の頭部伝達関数では120°,150°でばらつきがあるもののおおむね精度よく定位している。しかし,ダミーヘッドでは,上方にはまったく定位せず,目標方向60〜120°では前方もしくは後方に音像を知覚している。

被験者YMMでは,本人の頭部伝達関数では0〜90°で目標方向よりやや後ろ側に回答する傾向(逆S字カーブ)が見られるものの,目標方向付近に音像を知覚している。しかし,ダミーヘッドでは前方にはまったく定位せず,いずれの目標方向の刺激に対しても上方から後方に知覚している。

被験者OISでは,本人頭部伝達関数では逆S字カーブを描き,60°で目標方向よりもやや後方に,120°ではやや前方に回答する傾向が見られるが,おおむね目標方向に音像を知覚している。ダミーヘッドでは,回答のばらつきが大

4.3 頭部伝達関数の標準化　75

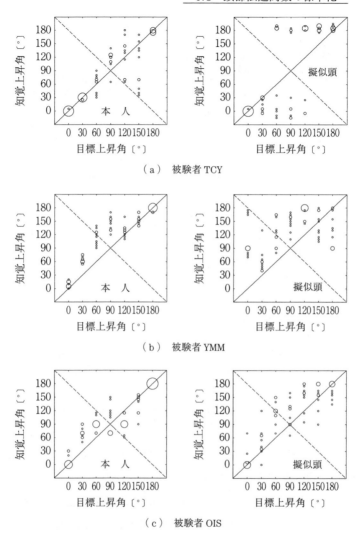

図 4.8　本人頭部伝達関数とダミーヘッドの頭部伝達関数に対する正中面音像定位[12]

きいが，前方，上方，後方の区別はできている。

図 4.9 に目標方向ごとに被験者全員の回答の平均定位誤差を示す。比較のため，本人の頭部伝達関数および実音源に対する平均定位誤差を併せて示す。目標方向が 0° と 180°，つまり正面と後方では実音源と本人の頭部伝達関数での

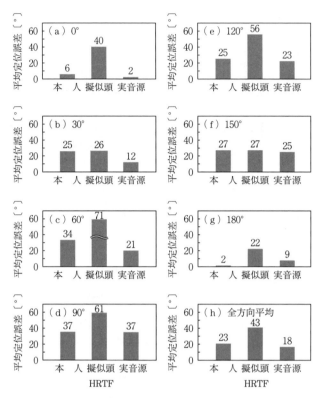

**図 4.9** 本人頭部伝達関数，ダミーヘッドの頭部伝達関数および実音源の平均定位誤差[12]

誤差は10°以下であるが，ダミーヘッドでの誤差は40°および22°となった。30°と150°では3者に大きな差はないが，60～120°ではダミーヘッドの平均定位誤差は実音源と本人頭部伝達関数の約2倍である。全方向の平均値(h)で見ても，ダミーヘッドの平均定位誤差は実音源と本人頭部伝達関数の約2倍である。

　頭内定位率を**表 4.12**に示す。被験者本人の頭部伝達関数では，いずれの被験者および目標方向でも頭内定位は発生しなかった。しかし，ダミーヘッドの頭部伝達関数では被験者TCYとYMMが頭内に音像を知覚した。特に，被験者YMMでは，30°を除くすべての目標方向で頭内定位が発生した。

表 4.12  本人頭部伝達関数とダミーヘッド頭部伝達関数の頭内定位率〔%〕

| 被験者 | HRTF | 目標の上昇角〔°〕 | | | | | | |
|---|---|---|---|---|---|---|---|---|
| | | 0 | 30 | 60 | 90 | 120 | 150 | 180 |
| TCY | 本人 | 0 | 0 | 0 | 0 | 0 | 0 | 0 |
| | 擬似頭 | 0 | 0 | 20 | 20 | 10 | 0 | 0 |
| YMM | 本人 | 0 | 0 | 0 | 0 | 0 | 0 | 0 |
| | 擬似頭 | 50 | 0 | 20 | 20 | 30 | 30 | 40 |
| OIS | 本人 | 0 | 0 | 0 | 0 | 0 | 0 | 0 |
| | 擬似頭 | 0 | 0 | 0 | 0 | 0 | 0 | 0 |

同様に8種類のダミーヘッドを用いた正中面音像定位実験により求められた前後誤判定率を**図4.10**に示す[13]。実音源での前後誤判定率は16.0%であったが，ダミーヘッドでは37.3〜50.2%であった。また，実音源と各ダミーヘッドの間には有意差（$p<0.001$）が認められた。

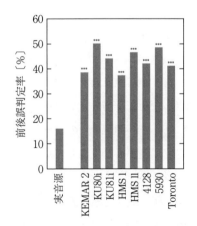

**図4.10**  実音源と8種類のダミーヘッドの正中面における前後誤判定率〔%〕[13]
\*\*\*：$p<0.001$

このように，多数の被験者の頭部や耳介形状の代表的な値から開発したダミーヘッドを用いても，音像方向，特に前後上下方向を再現したり制御したりすることは困難である。

### 4.3.2 ロバストな頭部伝達関数による方向知覚

頭部伝達関数の標準化のもう1つのアプローチとして,多くの受聴者に適用できるロバストな頭部伝達関数を(なんらかの方法で)選んで利用するという考え方がある。この考え方で適用可能な受聴者の割合は決して大きいとはいえないが,4.4節で論じる頭部伝達関数の個人化が実用レベルに到達するまでは,一般の受聴者を対象とした3次元音響再生システムを開発しようとすると,このような「ロバストな頭部伝達関数セット」を使わざるを得ない。ただし,この頭部伝達関数セットは,どの受聴者に適用可能で,どの受聴者には適用できないかを事前に推定できないという問題がある。

〔1〕 代表的な受聴者の頭部伝達関数による方向知覚

Møller et al.[14]は20名の被験者に対して,本人を含む30名の頭部伝達関数を用いてヘッドホン再生により音像定位実験を行った。目標方向は正中面7方向を含む14方向である。その結果を**図4.11**に示す。

図(a)は実音源に対する回答である。ほとんどの回答は実音源の方向に一致するが,正中面の下方ではばらつきが大きい(実音源に対する音像定位精度の詳細は付録A.1を参照されたい)。図(b)は30名の提供者(random subjects)の頭部伝達関数に対する全回答である。正中面内で前後誤判定が多い。図(c)は30名の頭部伝達関数の提供者のうち,今回の20名の被験者において定位誤差が最も小さくなった提供者(typical subject)の頭部伝達関数に対する回答である。図(b)と比較して定位誤差が小さくなっているが,前後誤判定は残っている。

さらに,正中面の7方向の目標方向における前後誤判定率を**表4.13**に示す。実音源では15.5%であるが,random subjectsの平均では36.3%である。やや話がそれるが,この値は図4.10のダミーヘッドの前後誤判定率と同等以下であることに驚く。言い換えると,ダミーヘッドの前後誤判定率はrandom subjectsと同等もしくはそれより高いということである。一方,typical subjectの前後誤判定率は21.2%である。実音源,random subjects,およびtypical subjectの間にはそれぞれ有意差($p<0.001$)が認められた。

4.3 頭部伝達関数の標準化　79

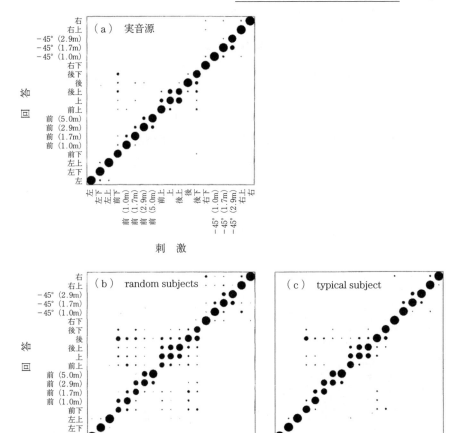

**図 4.11** 音像定位実験結果[14]。横軸の括弧内の数値は音源距離 [m] を示す。括弧のない方向の音源距離は 1 m である。

**表 4.13** 正中面における前後誤判定率 [%]

| 実音源 | random subjects | typical subject |
|---|---|---|
| 15.5 | 36.3 | 21.2 |

この結果は，typical subject を見つけ出せば，本人の頭部伝達関数には劣るが，ランダムに選択した頭部伝達関数，あるいはダミーヘッドの頭部伝達関数より優れる3次元音像制御を実現できる可能性を示している。しかし，typical subject の選択方法と有効性，つまりどの程度の人数の提供者から選択すれば，どの範囲の受聴者に有効なのかを判断することは困難である。

〔2〕 **各方向でロバストな頭部伝達関数による方向知覚**

この考え方を拡張し，被験者間で安定した定位精度が得られる頭部伝達関数を方向ごとに求めることが考えられる。その定位精度と物理特性を示す。

9名の正中面7方向の頭部伝達関数を用いて，その9名のうち5名を被験者とした音像定位実験の結果を**図4.12**に示す[15]。回答は対角線付近のみならず2次元平面上に広がって分布しており，前後誤判定も頻繁に発生している。

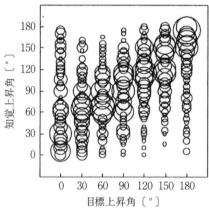 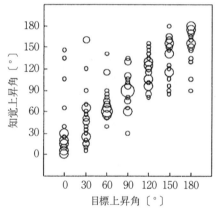

**図4.12** 9人の正中面頭部伝達関数に対する5名の音像定位[15]

**図4.13** 方向ごとに選出した正中面頭部伝達関数に対する5名の音像定位[15]

つぎに，方向ごとに5名の被験者の平均定位誤差が最も小さくなる頭部伝達関数を選出した。その頭部伝達関数に対する5名の被験者の回答結果を**図4.13**に示す。回答はばらつくが対角線を中心に分布しており，少なくともこれら5名の被験者に対しては有効な頭部伝達関数であると考えられる。

9名の頭部伝達関数の振幅スペクトルの分布を**図 4.14**に網掛けで示す。図中の実線は選出された頭部伝達関数である。これらはほかの頭部伝達関数と比較して，前方および後方（0°，30°，150°，180°）ではノッチやピークが明確で，上方（60°，90°，120°）では緩やかな傾向があるように観察され，正中面内の頭部伝達関数の方向依存性を強調した特性を持っていると解釈することができる。

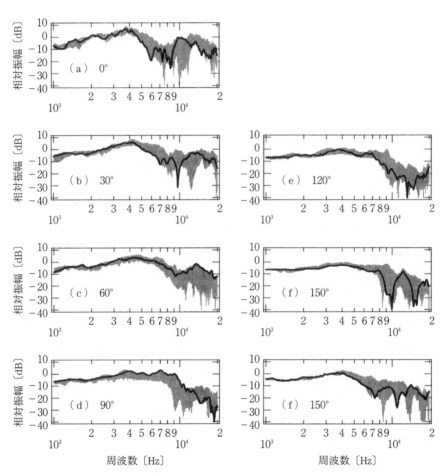

**図 4.14** 9人の正中面頭部伝達関数の振幅スペクトルの分布範囲（網掛け）と選出された頭部伝達関数（実線）[15]

また，前方および後方については，選出された頭部伝達関数のノッチ周波数はほかの頭部伝達関数と比較して低く，2.2.2項および3.8節で紹介した「大きな耳介の頭部伝達関数は小さな耳介の受聴者にも適用できる傾向が強い」ことを支持する結果である．しかし，今回選出された頭部伝達関数がほかの受聴者にも有効であるか否かは不明である．また，有効な受聴者と有効ではない受聴者の判別も困難であるという問題が残る．

## 4.4 頭部伝達関数の個人化

本章の冒頭で述べた「誰にでも実感できる3次元音響」を実現するための本質的なアプローチは，受聴者それぞれに適合する頭部伝達関数を提供することである．これを頭部伝達関数の**個人化**（individualization, personalization）という．しかし，頭部伝達関数の個人化の実現には大きな課題が2つある．

第1の課題は，頭部伝達関数は振舞いが複雑であり，そのままでは個人差を簡潔に記述することができないことである．頭部伝達関数に含まれる本質的な情報，すなわち方向知覚の手掛かりを解明して，手掛かりの個人差を議論する必要がある．

第2の課題は，各受聴者の方向知覚の手掛かりの具体的な値を推定する方法が確立されていないことである．

2章および3章で，それぞれ左右方向および前後上下方向の知覚の手掛かりとなる物理量を紹介した．このうち，左右方向については，両耳間時間差と両耳間レベル差が手掛かりであることが解明されているので，頭部伝達関数の個人化は第2の課題を解決すればよい．しかも，両耳間差については多少の誤差は問題にならないと考えられる．なぜなら，両耳間差は音源の側方角に従って連続かつ単調に変化するので，個人化の誤差も連続量として現れるからである．例えば，側方角30°に制御しようとした音像が32°に知覚されたとしても，ほとんどのアプリケーションにおいては大きな問題は生じないであろう．

一方，前後上下方向については，知覚の手掛かり，つまりスペクトラル

キューが研究段階にあるため，第1の課題と第2の課題を同時に解決しなければならない。また，前後上下方向の知覚においては，個人化の誤差が前後誤判定などのように不連続，かつ致命的な現象として現れるという問題がある。

本節では，まず前後上下方向の知覚のための頭部伝達関数の個人化について詳しく説明し，その後，左右方向の知覚のための個人化について述べる。

### 4.4.1 振幅スペクトルの個人化

これまで，頭部伝達関数の振幅スペクトルの個人化方法として，以下のものが提案されている。

① 受聴者の耳介形状に近い耳の頭部伝達関数を用いる方法
② 標準的な頭部伝達関数を受聴者の耳介形状に応じて周波数軸上で伸縮（scaling）する方法
③ 受聴者の耳介形状からPCAにより頭部伝達関数を合成する方法
④ 受聴者の耳介形状からスペクトラルキューを推定し，それに近い頭部伝達関数（best-matching HRTF）を用いる方法
⑤ 試聴により頭部伝達関数を選出する方法

以下，それぞれについて解説する。

〔1〕 **受聴者の耳介形状に近い耳の頭部伝達関数を用いる方法**

このアプローチ[16]は，耳介の形状が似ていれば，頭部伝達関数も似ているという考えに基づいている。受聴者の耳介部位7箇所を計測し，その計測値に最も近い耳介の頭部伝達関数をデータベースから選出するという方法である（図4.15）。この頭部伝達関数とダミーヘッドの頭部伝達関数を用いて前半球面を目標方向とした音像定位実験が行われたが，選出した頭部伝達関数の音像定位精度はダミーヘッドと比較してわずかに1.9°改善されただけであった。

この方法の問題として，すべての耳介部位の個人差を同じ重みで扱っていることがあげられる。3.5節で述べたように，ピークは耳甲介腔の深さ方向および耳介の上下方向のモードに由来し，ノッチは外耳道入口に生じた節に由来することから，これらの現象に関連する部位に重みを付けて耳介形状の類似度を

4. 頭部伝達関数の個人性

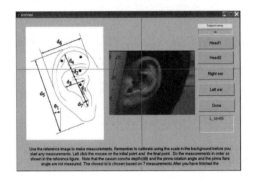

図 4.15 受聴者の耳介形状から頭部伝達関数を選択するソフトウェア[16]

評価する必要があるだろう。

〔2〕 **頭部伝達関数を周波数軸上で伸縮する方法**

この方法は頭部伝達関数の方向依存成分である **DTF**(directional transfer functions)の個人差を周波数軸上での伸縮(scaling)により削減するものであ

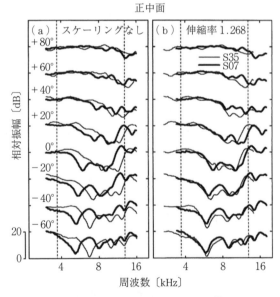

図 4.16 scale factor による DTF の個人化[17]。図(a)の太線は被験者 S07,細線は被験者 S35 の頭部伝達関数を表す。図(b)では,S07 の DTF が 1.126,S35 の DTF が 1/1.126 でスケーリングされている。

る[17),18)]。図 4.16 にその例を示す。音像定位実験により，他人の DTF を適切に伸縮した DTF の quadrant error は 14.7 % であり，被験者本人の DTF の quadrant error 15.6 % と同等であることが示されている。ここで，quadrant error は前後もしくは上下方向における 90°以上の誤差であり，上下誤判定率と前後誤判定率を合わせたものと考えてよい。

ただし，受聴者に適した伸縮率（scale factor）を見いだすには，1 ブロックで 20 分を要する試聴実験を 1 から 3 ブロック実施する必要があるという問題が残っている。

〔3〕 **PCA により合成する方法**

頭部伝達関数の振幅スペクトルを周波数軸上でいくつかの主成分に分解（**PCA**（principal components analysis））し，そのうちのいくつかに重み係数を掛けて合成する方法（図 4.17）が提案されている[19),20)]。さらに，各主成分の重み係数を受聴者の耳介形状から求める試みもある[21)~24)]。しかし，この方法により個人化した頭部伝達関数の音像定位精度は示されておらず，その有効性は明らかではない。

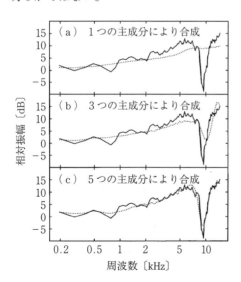

図 4.17 DTF の測定値（実線）と主成分（principal components）により合成した DTF（点線）

また、最初の5個の主成分で頭部伝達関数の振幅スペクトルの90％が再現できると報告されているが、寄与率の高い主成分がスペクトラルキューに対応しているとは限らず、スペクトラルキューとして重要なノッチを再現するには15～20個の主成分が必要であるとする計算例もある。

〔4〕 **スペクトラルキューを予測する方法**

この方法は受聴者の耳介形状からスペクトラルキュー（N1およびN2周波数）を推定し、それに近い頭部伝達関数をデータベースから選出するというものである[25]。28名の被験者を用いて、10種類の耳介形状パラメータを説明変数、正面方向のN1およびN2周波数を目的変数として重回帰分析を行った（式 (4.2)）。

$$f(S)_{\mathrm{N1,N2}} = a_1 x_1 + a_2 x_2 + \cdots + a_n x_n + b \ [\mathrm{Hz}] \tag{4.2}$$

ここで、$S$, $a_i$, b, $x_i$ はそれぞれ被験者、重回帰係数、定数、耳介形状パラメータである。

その結果、N1については6種類（$x_2$, $x_3$, $x_6$, $x_8$, $x_d$, $x_a$）、N2については3種類（$x_6$, $x_8$, $x_d$）の耳介形状パラメータで推定できることが明らかになった（図4.18）。つまり、N1においては耳介の窪みの幅、長さ、深さと耳介の傾きが寄与し、N2においては耳介の窪みの長さと深さが寄与している。また、この6箇所のうち $x_6$ および $x_8$ は3.4.3項で述べたノッチの成因と密接に関連する部位である。

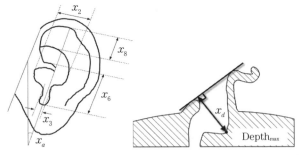

図4.18 正面方向のN1, N2周波数の推定に寄与する耳介部位[25]

## 4.4 頭部伝達関数の個人化

重回帰係数, $p$ 値, 95% 信頼区間を**表 4.14** に示す。また, 重回帰モデルで推定した N1 および N2 周波数と実測した頭部伝達関数から抽出したそれらとの関係を**図 4.19** に示す。N1 および N2 の重相関係数 $r$ はそれぞれ 0.81 および 0.82 であり, 良好な推定が期待できる。

**表 4.14** N1, N2 周波数の重回帰係数, $p$ 値, 95% 信頼区間

| | 回帰係数 | | $p$ 値 | | 95% 信頼区間 | | | |
|---|---|---|---|---|---|---|---|---|
| | | | | | 下側 | 上側 | 下側 | 上側 |
| | N1 | N2 | N1 | N2 | N1 | | N2 | |
| $a_1$ | | | | | | | | |
| $a_2$ | 116.9 | | $1.6\times 10^{-2}$ | | 22.9 | 210.9 | | |
| $a_3$ | −157.5 | | $4.7\times 10^{-3}$ | | −264.2 | −50.8 | | |
| $a_4$ | | | | | | | | |
| $a_5$ | | | | | | | | |
| $a_6$ | −183.4 | −327.0 | $8.3\times 10^{-5}$ | $2.9\times 10^{-7}$ | −269.1 | −97.8 | −438.0 | −216.0 |
| $a_7$ | | | | | | | | |
| $a_8$ | −93.2 | −245.0 | $2.3\times 10^{-3}$ | $4.4\times 10^{-8}$ | −151.5 | −34.9 | −321.3 | −168.6 |
| $a_d$ | −131.4 | −172.8 | $4.0\times 10^{-3}$ | $3.7\times 10^{-3}$ | −218.7 | −44.2 | −286.9 | −58.7 |
| $a_a$ | −48.7 | | $7.2\times 10^{-7}$ | | −65.8 | −31.6 | | |
| b | 14 906.4 | 23 903.1 | $9.2\times 10^{-14}$ | $2.0\times 10^{-22}$ | 12 019.9 | 17 792.9 | 21 079.9 | 26 726.3 |

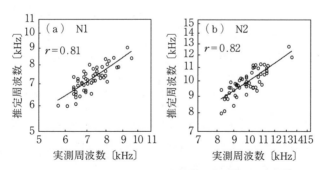

**図 4.19** 正面方向の N1, N2 周波数の推定値と実測値[25]

重回帰分析に用いていないナイーブな 4 名の被験者について耳介形状から N1, N2 周波数を推定し, それに最も近い HRTF を best-matching HRTF として頭部伝達関数データベースから選出した。**図 4.20** に被験者本人の HRTF と best-matching HRTF のスペクトルを示す。best-matching HRTF の N1 と N2

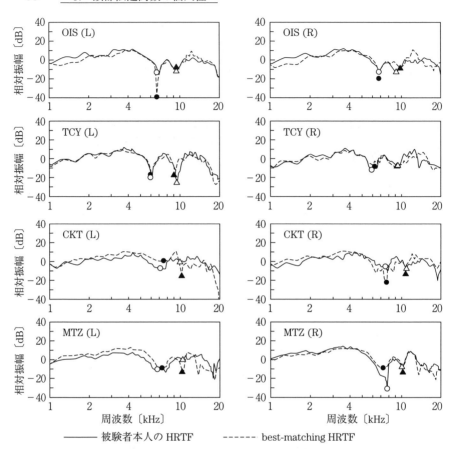

**図 4.20** 正面方向の本人の HRTF（実線）と best-matching HRTF（破線）[25]。○：N1（本人），●：N1 (best-matching)，△：N2（本人），▲：N2 (best-matching)。

周波数（●，▲）と本人の頭部伝達関数の N1 と N2 周波数（○，△）は近接し，ほとんどすべての耳において，best-matching HRTF（点線）と本人 HRTF（実線）で同様のスペクトル構造が観察された。

さらに，上半球正中面 7 方向（正面から後方までの 30°間隔）を目標方向とした音像定位実験により，best-matching HRTF は本人 HRTF とほぼ同等の精度で音像制御できることが明らかになった（**図 4.21**）。ただし，現時点で耳介形状から推定に成功しているのは正面方向の N1 と N2 だけである。ほかの

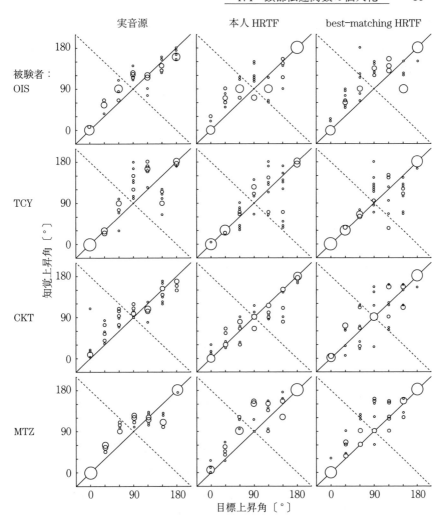

**図 4.21** 実音源,本人の HRTF,best-matching HRTF による正中面音像定位[25]

6方向では正面方向でbest-matching HRTFとして選出された被験者のHRTFを用いている。図4.21を見ると,best-matching HRTFの上方の音像定位精度は前方および後方と比較してやや低下しており,改善の余地が残っている。

同様のアプローチで,耳介の8箇所の寸法からN1周波数を精度よく推定できたという報告もある[26]。この報告では,外耳道から耳輪までの距離が最も重

要であると述べている。

一方，ピークについても耳介形状からの推定が試みられており，**表 4.15** および**図 4.22** に示すように P1 については 4 箇所，P2 については 7 箇所の部位で推定できる[27]。

**表 4.15** P1, P2 周波数の重回帰係数, $p$ 値, 95 % 信頼区間

| | 回帰係数 | | $p$ 値 | | 95 % 信頼区間 | | | |
|---|---|---|---|---|---|---|---|---|
| | | | | | 下側 | 上側 | 下側 | 上側 |
| | P1 | P2 | P1 | P2 | P1 | | P2 | |
| $a_1$ | | | | | | | | |
| $a_2$ | | 175.5 | | $4.6×10^{-3}$ | | | 57.0 | 294.0 |
| $a_3$ | −31.0 | −145.8 | $2.2×10^{-2}$ | $3.8×10^{-2}$ | −57.5 | −4.6 | −282.8 | −8.7 |
| $a_4$ | −21.5 | | $1.2×10^{-2}$ | | −38.0 | −5.0 | | |
| $a_5$ | −19.5 | 51.0 | $1.7×10^{-4}$ | $4.0×10^{-2}$ | −29.1 | −9.8 | 2.5 | 99.5 |
| $a_6$ | | −296.3 | | $1.1×10^{-5}$ | | | −417.4 | −175.2 |
| $a_7$ | | | | | | | | |
| $a_8$ | | −203.6 | | $2.5×10^{-5}$ | | | −291.2 | −116.1 |
| $a_d$ | −35.3 | −159.1 | $7.9×10^{-9}$ | $5.6×10^{-3}$ | −60.9 | −9.7 | −269.1 | −49.0 |
| $a_a$ | | −42.5 | | $2.8×10^{-4}$ | | | −64.3 | −20.7 |
| b | 6 627.4 | 16 252.7 | $2.0×10^{-20}$ | $9.9×10^{-11}$ | 5 762.8 | 7 491.9 | 12 322.6 | 20 182.7 |

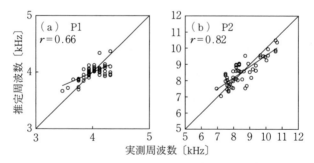

**図 4.22** P1, P2 周波数の推定値と実測値[27]

FDTD 法を用いた数値計算でも，以下のような耳介形状とピーク周波数との関係が報告されている[28),29)]。

$$F_{P1} = 6\,461 - 758 d_{B2\text{-}L4} - 439 d_{B2\text{-}L5} \tag{4.3}$$

$$F_{P2} = 12\,441 - 1\,647 d_{1\text{-}17} \tag{4.4}$$

$$F_{P3} = 15631 - 3298 d_{4\text{-}12(\text{vert})} \tag{4.5}$$

ここで，$F_{P1}$，$F_{P2}$，$F_{P3}$ はそれぞれ P1，P2，P3 周波数，$d_{B2\text{-}L4}$ は耳甲介腔の底から対珠の外側までの距離，$d_{B2\text{-}L5}$ は耳甲介腔の底から対輪の最側部までの距離である．$d_{1\text{-}17}$ は外耳道入口から耳輪の縁までの距離，$d_{4\text{-}12(\text{vert})}$ は耳甲介腔の底から耳甲介舟の前方の壁の鉛直距離である．**図 4.23** および**図 4.24** に測定部位を示す．

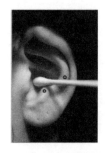
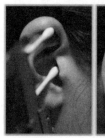

**図 4.23** P1 推定のための耳甲介腔の深さ $d_{B2\text{-}L4}$ と $d_{B2\text{-}L5}$ の測定部位[28]．L4 と L5 を○で示す．

**図 4.24** P2，P3 推定のための耳甲介腔の深さ $d_{1\text{-}17}$ と $d_{4\text{-}12(\text{vert})}$ の測定部位[29]

これらの部位は，表 4.15 で説明変数として選出された部位とよく一致する．P1，P2，P3 周波数の相関係数はそれぞれ $r = 0.84$，0.79，0.82 であり，良好な推定が期待できる．

〔5〕 **試聴により選択する方法**

受聴者自身が試聴することにより，適合する頭部伝達関数をデータベースから選択する方法も提案されている．データベースの規模が大きくなるほど試聴に要する時間が増えるため，時間を短縮する試聴方法が検討されている．その1つは2ステップ選択法である[30]．第1ステップでは頭部伝達関数のグループを選定し，第2ステップでそのグループの中から最良の1つを選択する．この方法では約10分で受聴者に適合する頭部伝達関数を選択できると報告されている．

同様に，トーナメント方式による試聴方法も提案されている[31]．この方法により，32種類の頭部伝達関数から選択された頭部伝達関数の音像定位結果を

図 4.25 に示す。おおむね本人の頭部伝達関数と同等の定位精度が得られているが，後方を前方に誤判定する場合も残っている。もう少し多くのデータから選択する必要があるのかもしれない。32 種類の頭部伝達関数から受聴者に適合する頭部伝達関数を選出するのに要する時間は，トーナメント方式を用いることで，2 時間から 15 分に短縮されると報告されている。

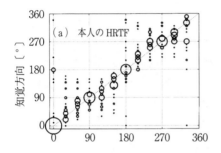

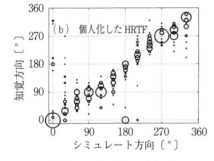
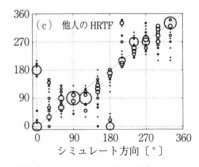

図 4.25 水平面 12 方向（0〜330°，30° 間隔）の音像定位実験結果[31]

〔6〕 個人差の物理評価尺度

上記の〔5〕を除き，〔1〕〜〔4〕の方法で得られた頭部伝達関数が受聴者にどの程度適合するのかを事前に判断するには，頭部伝達関数の個人差の物理評価指標（物差し）が必要であろう。例えば，2 つの頭部伝達関数 $HRTF_j$ と $HRTF_k$ の差を評価する場合，これまで式 (4.6) に示す **SD**（spectral distortion）が便宜的に使われてきた。

## 4.4 頭部伝達関数の個人化

$$SD = \sqrt{\frac{1}{N}\sum_{i=1}^{N}\left[20\log_{10}\frac{|HRTF_j(f_i)|}{|HRTF_k(f_i)|}\right]^2} \quad \text{[dB]} \qquad (4.6)$$

ここで，$f_i$ は離散化した周波数である。

しかし，SD は頭部伝達関数の振幅スペクトルの差をすべての周波数成分で均一に評価したものであり，個人差を的確に評価することはできない。頭部伝達関数の個人差を評価するには，方向知覚の手掛かりの個人差に着目する必要がある。音像の前後上下方向の知覚においては，N1 周波数および N2 周波数が特に重要な手掛かりであることに基づいて，式 (4.7) ～ (4.9) で定義される **NFD**（notch frequency distance）が提案されている[32]。その概念を**図 4.26** に示す。

$$NFD_1 = \log_2\left\{\frac{f_{N1}(HRTF_k)}{f_{N1}(HRTF_k)}\right\} \quad \text{[オクターブ]} \qquad (4.7)$$

$$NFD_2 = \log_2\left\{\frac{f_{N2}(HRTF_k)}{f_{N2}(HRTF_k)}\right\} \quad \text{[オクターブ]} \qquad (4.8)$$

$$NFD = |NFD_1| + |NFD_2| \quad \text{[オクターブ]} \qquad (4.9)$$

ここで，$f_{N1}$ および $f_{N2}$ はそれぞれ N1 および N2 周波数である。

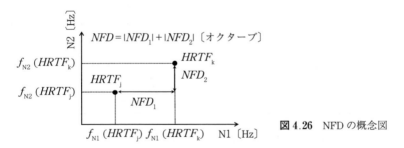

**図 4.26** NFD の概念図

SD と NFD を評価するために，つぎのような比較を行った。1999 ～ 2005 年に同じ無響室で同一の被験者の正面方向の頭部伝達関数を 4 回測定した。その結果を**図 4.27** に示す。これらは構造的には類似の振舞いをしているが，細部では必ずしも一致しない。また，13 kHz 以上では大きく異なる箇所もある。ただし，この被験者はこれら 4 つの頭部伝達関数のいずれを用いても精度よく

## 4. 頭部伝達関数の個人性

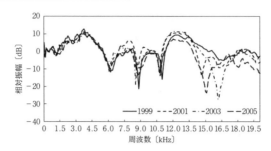

**図 4.27** 同じ無響室で 4 回（1999, 2001, 2003, 2005 年）測定した同一被験者の正面方向の頭部伝達関数

音像定位ができる。

この4つの頭部伝達関数から2つを選ぶすべての組合せについて SD と NFD を算出した。その結果を**表 4.16** および**表 4.17** に示す。SD は 4.2〜5.7 dB であり，他人の頭部伝達関数と比較した場合と同程度であった。つまり，SD では本人の頭部伝達関数の経年変化もしくは測定の再現性と，頭部伝達関数の個人差を区別することができず，4回の測定のいずれの頭部伝達関数でも精度よく音像定位ができることを説明するのは難しい。

**表 4.16** 4つの頭部伝達関数の SD〔dB〕

| SD | 1999 | 2001 | 2003 | 2005 |
|---|---|---|---|---|
| 1999 | — | | | |
| 2001 | 4.2 | — | | |
| 2003 | 5.1 | 4.3 | — | |
| 2005 | 5.7 | 4.8 | 5.6 | — |

**表 4.17** 4つの頭部伝達関数のNFD〔オクターブ〕

| NFD | 1999 | 2001 | 2003 | 2005 |
|---|---|---|---|---|
| 1999 | — | | | |
| 2001 | 0.05 | — | | |
| 2003 | 0.07 | 0.07 | — | |
| 2005 | 0.05 | 0.00 | 0.07 | — |

一方，NFD の値は 0.00〜0.07 オクターブであった。ノッチ周波数の違いは N1 で±1 サンプル，N2 で-3〜+2 サンプルであり（周波数分解能は 93.75 Hz）類似度は高い。4.1節で述べたように，N1, N2 の弁別閾は 0.1〜0.2 オクターブであり，4回の測定値のいずれの組合せでも NFD では弁別閾内の差である。したがって，NFD では 4 回の測定のいずれの頭部伝達関数でも定位精度がよいことを説明できる。

### 4.4.2 両耳間時間差の個人化

受聴者に適合する両耳間時間差や両耳間レベル差の推定においても，受聴者の頭部や耳介形状を利用する方法が研究されてきた。

2章で述べた頭部を球でモデル化する方法（図2.6）用いて両耳間時間差を個人化する方法が提案されている[33]。まず，25名の被験者の両耳間時間差を測定し，それぞれの被験者に対して式(4.10)を用いた両耳間時間差の計算値が実測値に最も近くなる$D$の値が求められた。

$$\phi + \sin\phi = \frac{2c \times ITD}{D} \tag{4.10}$$

ここで，$\phi$は入射方位角〔rad〕，$c$は音速，$ITD$は両耳間時間差，$D$は両耳間距離（球の直径）である。

この$D$を用いて式(4.10)から逆算して求めた両耳間時間差の推定誤差の実効値は方位角により22～47 µsであり，その平均値は32 µsであった。これを方位角の誤差に置き換えると，ほとんどの音源方向では5°以下であり，最大誤差は12°（側方の上部）であった。このことは受聴者の$D$を求めることができれば$ITD$を精度よく推定できることを示している。

そこで，受聴者の頭部の幅，長さ，奥行き（**図4.28**）を説明変数，$D$を目的変数として重回帰分析が行われた（式(4.11)）。

$$\frac{D}{2} = w_1 X_1 + w_2 X_2 + w_3 X_3 + b \tag{4.11}$$

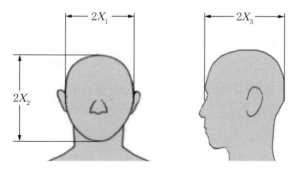

図4.28 両耳間距離推定に用いた頭部部位

求まった回帰係数は $w_1=0.51$, $w_2=0.019$, $w_3=0.18$, $b=32$ mm であった。しかし,この回帰式を用いた両耳間時間差の推定精度は示されていない。

一方,頭部形状の左右や前後の非対称性を考慮し,**図 4.29** および**表 4.18** に示す 10 箇所（$p_1 \sim p_7$）の頭部形状から水平面 12 方向（30°間隔）の両耳間時間差を推定する試みもある[3]。

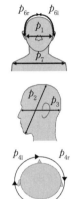

**図 4.29** 頭部寸法の計測部位

**表 4.18** 頭部寸法の統計値〔mm〕

| 計測部位 | 平均 | 最大 | 最小 | 最大−最小 | 標準偏差 | 変動係数 |
|---|---|---|---|---|---|---|
| $p_1$ | 143 | 152 | 134 | 18 | 5.6 | 0.039 |
| $p_2$ | 246 | 266 | 227 | 39 | 9.9 | 0.040 |
| $p_3$ | 185 | 201 | 170 | 31 | 7.9 | 0.043 |
| $p_{4l}$ | 152 | 167 | 136 | 31 | 7.4 | 0.049 |
| $p_{4r}$ | 159 | 185 | 148 | 37 | 8.1 | 0.051 |
| $p_{5l}$ | 144 | 163 | 130 | 33 | 8.1 | 0.056 |
| $p_{5r}$ | 145 | 176 | 120 | 56 | 12.0 | 0.083 |
| $p_{6l}$ | 195 | 217 | 176 | 41 | 8.2 | 0.042 |
| $p_{6r}$ | 197 | 211 | 185 | 26 | 7.2 | 0.036 |
| $p_7$ | 393 | 439 | 337 | 102 | 23.9 | 0.061 |

各方向における頭部形状と両耳間時間差の単相関係数を**表 4.19** に示す。表中の網掛けは,有意水準 10 %で相関関係が認められる（$|r|>0.291$）ことを表す。

$p_1$ および $p_3$ では多くの方向で有意な相関関係が認められた。これは従来の研究[33],[34]と一致する。$p_{4l,r}$ は音源が水平面内の前半面にある場合のみ有意な相関が認められ,$p_{5l,r}$ は音源が水平面内の後半面にある場合のみ有意な相関が認められた。つまり,音源に近い側の頭周は,遠い側の頭周に比べ,両耳間時間差との相関が強い。$p_{6l,r}$, $p_7$ は側方において相関が認められた。

また,方位角ごとにみると,側方において相関関係が認められる部位が多い傾向にあり,側方（90°, 270°）においては $p_1$ の相関が最も高かった（$r=0.61$, $-0.65$）。しかし,30°と 210°では,相関関係が認められる部位は存在

## 4.4 頭部伝達関数の個人化

**表 4.19** 頭部形状と各方向の両耳間時間差の単相関係数 $r$。▨：10 % 有意（$|r|\geq 0.29$）

| 方位角 [°] | $p_1$ | $p_2$ | $p_3$ | $p_{4l}$ | $p_{4r}$ | $p_{5l}$ | $p_{5r}$ | $p_{6l}$ | $p_{6r}$ | $p_7$ |
|---|---|---|---|---|---|---|---|---|---|---|
| 0 | −0.45 | −0.20 | −0.06 | −0.40 | −0.28 | 0.19 | −0.09 | −0.18 | −0.17 | −0.14 |
| 30 | 0.20 | 0.05 | 0.10 | 0.02 | 0.18 | −0.04 | 0.01 | −0.04 | 0.16 | 0.03 |
| 60 | 0.54 | 0.34 | 0.41 | 0.29 | 0.44 | 0.11 | 0.12 | 0.20 | 0.39 | 0.28 |
| 90 | 0.61 | 0.34 | 0.57 | 0.43 | 0.50 | 0.16 | 0.37 | 0.27 | 0.61 | 0.24 |
| 120 | 0.10 | −0.03 | 0.38 | 0.04 | 0.02 | 0.28 | 0.38 | 0.09 | 0.22 | −0.06 |
| 150 | 0.01 | −0.02 | −0.11 | −0.10 | −0.05 | 0.47 | 0.21 | −0.29 | 0.14 | −0.02 |
| 180 | 0.35 | 0.24 | 0.25 | 0.21 | 0.26 | −0.17 | 0.11 | 0.14 | 0.14 | 0.05 |
| 210 | 0.00 | 0.20 | 0.05 | 0.12 | 0.07 | −0.03 | −0.02 | 0.25 | 0.06 | −0.01 |
| 240 | −0.23 | −0.13 | −0.23 | −0.07 | −0.16 | −0.32 | −0.09 | −0.20 | −0.26 | −0.10 |
| 270 | −0.65 | −0.33 | −0.46 | −0.52 | −0.58 | −0.21 | −0.34 | −0.07 | −0.64 | −0.46 |
| 300 | −0.54 | −0.38 | −0.42 | −0.42 | −0.63 | 0.15 | −0.18 | −0.01 | −0.41 | −0.51 |
| 330 | −0.25 | −0.16 | −0.16 | −0.19 | −0.31 | −0.09 | 0.02 | 0.08 | −0.08 | −0.02 |

しなかった。したがって，単回帰分析ではすべての方向の両耳間時間差を精度良く推定することは困難である。

そこで，10 箇所の頭部形状を説明変数，各方向の両耳間時間差を目的変数とした重回帰分析を行った（式 4.12）。

$$ITD(s,\phi) = a_1 p_1 + a_2 p_2 + \cdots + a_7 p_7 + b \quad [\mu s] \tag{4.12}$$

ここで，$s$ は被験者，$\phi$ は方位角〔°〕である。

**表 4.20** に重相関係数 $r$，回帰モデル全体の危険率 $p$，残差の絶対値の平均 $E$ と回帰係数（b は定数項）を示す。各方位角における重相関係数は 0.34 〜 0.79 であり，側方で高くなる傾向がある。すべての方位角について有意水準 5 % で相関関係が認められた（$|r|\geq 0.34$）。残差の絶対値の平均は 9.8 〜 24.8 μs であった。

さらに，重回帰分析に含めていない 20 歳代の女性 2 名（A，B）と男性 2 名（C，D）を被験者として，式（4.12）による両耳間時間差の推定精度を検証した。推定誤差を**表 4.21** に示す。各方位角の推定誤差の平均値は 8.1 〜 26.5 μs であり，側方（90°，270°）で小さい傾向にある。

推定した両耳間時間差を式（4.10）により方位角 $\phi$ に変換した。この方位角

**表 4.20** 重回帰分析の結果。$r$:重相関係数,$p$:危険率,$E$:残差の絶対値の平均,$b$:定数項

| 方位角 [°] | $r$ | $p$ | $E$ [μs] | 回帰係数 ($\times 10^{-3}$) | | | | | | | | | $b$ |
|---|---|---|---|---|---|---|---|---|---|---|---|---|---|
| | | | | $a_1$ | $a_2$ | $a_3$ | $a_{4l}$ | $a_{4r}$ | $a_{5l}$ | $a_{5r}$ | $a_{6l}$ | $a_{6r}$ | $a_7$ | |
| 0 | 0.59 | 0.363 | 14.2 | 2.34 | 0.06 | -0.72 | 1.11 | -0.56 | -0.48 | -0.13 | -0.21 | -0.15 | 0.01 | -127.24 |
| 30 | 0.34 | 0.975 | 17.9 | -1.37 | -0.34 | -0.19 | 0.98 | -0.33 | 0.24 | 0.18 | 0.43 | -0.51 | 0.16 | -197.13 |
| 60 | 0.63 | 0.210 | 15.0 | -2.60 | -0.27 | -1.05 | 1.16 | -0.02 | 0.20 | 0.55 | -0.02 | -0.62 | 0.02 | -160.29 |
| 90 | 0.78 | 0.009 | 9.8 | -0.92 | 0.08 | -1.13 | 0.40 | -0.30 | 0.21 | -0.04 | -0.18 | -1.13 | 0.22 | -278.76 |
| 120 | 0.65 | 0.165 | 20.8 | 1.50 | 1.23 | -3.11 | 0.32 | 0.11 | -0.15 | -0.67 | -0.83 | -1.01 | 0.40 | -295.37 |
| 150 | 0.71 | 0.057 | 12.2 | -0.09 | -0.27 | -1.32 | 0.48 | 0.07 | -1.09 | -0.03 | 1.10 | -0.41 | -0.39 | -163.68 |
| 180 | 0.50 | 0.672 | 16.0 | -1.18 | -0.61 | -0.82 | 0.63 | 0.15 | 0.79 | 0.11 | 0.06 | -0.03 | 0.28 | 185.10 |
| 210 | 0.38 | 0.949 | 21.1 | 1.59 | -1.18 | 0.53 | 0.15 | -0.90 | -0.04 | -0.41 | -0.71 | -0.15 | 0.33 | 458.68 |
| 240 | 0.43 | 0.874 | 24.8 | 0.79 | 0.15 | 0.63 | -1.18 | 0.41 | 0.98 | -0.17 | 0.53 | 0.71 | -0.10 | 127.05 |
| 270 | 0.79 | 0.005 | 9.6 | 1.18 | -0.14 | -0.33 | 0.39 | 0.66 | 0.35 | 0.10 | -0.59 | 1.07 | 0.04 | 320.99 |
| 300 | 0.75 | 0.022 | 18.4 | 2.00 | -0.26 | 0.67 | -0.72 | 1.08 | -1.24 | -0.37 | -0.55 | 0.91 | 0.42 | 217.87 |
| 330 | 0.54 | 0.529 | 17.6 | 1.00 | 1.70 | -1.24 | -0.09 | 1.84 | 1.06 | 0.22 | -1.46 | -0.38 | -0.67 | 142.87 |
| 平均 | 0.59 | 0.402 | 16.5 | | | | | | | | | | | |

**表 4.21** 重回帰式による両耳間時間差の推定誤差 [μs]

| 方位角 [°] | 被験者 | | | | 平均 |
|---|---|---|---|---|---|
| | A | B | C | D | |
| 0 | 21.4 | 24.4 | 35.2 | 15.0 | 24.0 |
| 30 | 21.4 | 40.9 | 15.1 | 17.0 | 23.6 |
| 60 | 20.1 | 53.1 | 11.1 | 12.8 | 24.3 |
| 90 | 20.0 | 4.1 | 23.2 | 12.2 | 14.9 |
| 120 | 49.4 | 2.2 | 15.6 | 38.9 | 26.5 |
| 150 | 33.5 | 25.4 | 7.6 | 32.5 | 24.8 |
| 180 | 0.2 | 44.2 | 20.2 | 18.9 | 20.9 |
| 210 | 4.2 | 50.0 | 19.8 | 17.0 | 22.7 |
| 240 | 26.5 | 9.4 | 0.1 | 20.0 | 14.0 |
| 270 | 2.5 | 7.6 | 9.0 | 13.3 | 8.1 |
| 300 | 5.4 | 17.7 | 29.1 | 7.8 | 15.0 |
| 330 | 11.8 | 8.0 | 4.9 | 22.0 | 11.7 |

**表 4.22** 回帰式による方位角の推定誤差 [°]

| 方位角 [°] | 被験者 | | | | 平均 |
|---|---|---|---|---|---|
| | A | B | C | D | |
| 0 | — | — | — | — | — |
| 30 | 2.4 | 4.9 | 1.6 | 1.8 | 2.7 |
| 60 | 2.6 | 7.1 | 1.4 | 1.4 | 3.1 |
| 90 | — | 0.7 | 4.3 | 2.2 | 2.4 |
| 120 | 6.7 | 0.3 | 2.0 | 4.3 | 3.3 |
| 150 | 4.0 | 2.7 | 0.9 | 3.2 | 2.7 |
| 180 | — | — | — | — | — |
| 210 | 0.5 | 7.1 | 2.2 | 1.9 | 2.9 |
| 240 | 3.1 | 1.3 | 0.0 | 2.3 | 1.7 |
| 270 | 0.0 | 1.4 | 1.7 | 2.4 | 1.4 |
| 300 | 0.7 | 2.2 | 3.4 | 0.8 | 1.8 |
| 330 | 1.3 | 0.7 | 0.5 | 1.9 | 1.1 |

と元の音源の方位角の差の絶対値を求め,方位角誤差とした。ただし,推定した両耳間時間差が被験者本人の両耳間時間差の最大値よりも大きくなった場合は,方位角が算出できないため計算から除外した。表 4.22 に方位角の推定誤差を示す。各方向の全被験者の平均方位角誤差は 1.1 ~ 3.3° であり,240 ~ 330° で小さい傾向にある。

### 4.4.3 両耳間レベル差の個人化

両耳間レベル差については,1/3 オクターブバンドごとに以下のように正弦関数でモデル化する方法が提案されている[35]。

$$\hat{y}_m = \sum_{k=1}^{D} C_k \sin \frac{2\pi km}{M} \tag{4.13}$$

ここで，添え字 $m$ は音源方向 $360(m-1)/M$〔°〕に対応，$\hat{y}_m$ は両耳間レベル差，$M$ は音源方向の数，$C_k$ は $k$ 番目の正弦関数の重み係数，$D$ はモデルの次数である。

各被験者の頭部形状から $C_k$ を推定できれば，式 (4.13) を用いることで各被験者の両耳間レベル差を求めることができる。$C_k$ は以下の重回帰式で求められる。

$$C_k(f_c) = a_{k1}x_1 + a_{k2}x_2 + \cdots + a_{k11}x_{11} + b_k \tag{4.14}$$

ここで，$C_k(f_c)$ は中心周波数 $f_c$ の 1/3 オクターブバンドの $k$ 番目の正弦関数の重み係数，$a_{ki}$ は重回帰係数，$x_i$ は図 4.30 に示す頭部形状パラメータ，$b_k$ は定数である。

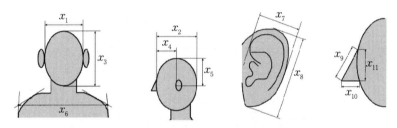

図 4.30　頭部寸法の計測部位[35]

図 4.31 にこの方法で推定した 3 つの 1/3 オクターブバンドにおける両耳間レベル差を示す。実線は実測の両耳間レベル差，破線は式 (4.14) でモデル化した両耳間レベル差，点線は頭部形状から推定した両耳間レベル差である。良

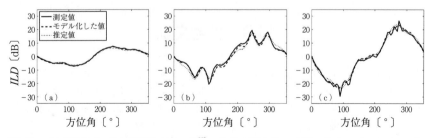

図 4.31　水平面における両耳間レベル差[35]。実線は測定値，破線は式 (4.14) でモデル化した値，点線は頭部形状により推定した値。（a）：中心周波数 500 Hz の 1/3 オクターブバンド，（b）：2 kHz，（c）：5 kHz。

好な推定精度を有していることが観察される。

#### 4.4.4 今後期待される展開

4.4.1項で個人に適合した頭部伝達関数の振幅スペクトルを提供する取組みを紹介したが，それを実用化するには受聴者の耳介形状からscale factorやPCAの重み係数を推定する方法を確立する必要がある。

スペクトラルキュー（N1とN2）を予測する方法では，現時点でも一定の精度で受聴者の耳介形状から適合する頭部伝達関数を選出することが可能であるが，今後さらに耳介形状からノッチ周波数だけではなく，レベルや先鋭度（半値幅）を推定する方法を確立すれば，パラメトリックに頭部伝達関数を生成できるようになる。つまり，頭部伝達関数のデータベースが不要になる可能性がある。

一方，数値計算による頭部伝達関数の推定の研究も進められている。従来，BEMが多くの研究で使われてきたが[36)～39)]最近はより演算速度の速いFDTD法が主流になりつつある。3.5節で述べたように，この方法により頭部伝達関数の基本的なスペクトル特性は耳介だけで生成されていることが示されている[40)]。つまり，受聴者の耳介形状をモデル化すれば，FDTD法によりその受聴者の頭部伝達関数が得られる。しかし，現時点では耳介形状のモデル化のためにMRIのような特別な装置が必要である。簡易なモデル化方法の確立が望まれる。

## 引用・参考文献

1) 石井要次，蒲生直和，飯田一博：スペクトラルキューに基づいた頭部伝達関数の個人化方法とその精度について，日本音響学会講演論文集，pp.581-584（2010.3）
2) 西岡伸介，石井要次，飯田一博：上昇角知覚に関する頭部伝達関数の第1ピーク周波数の弁別閾，日本音響学会講演論文集，pp.859-860（2013.9）
3) 石井要次，木崎尚也，吉田恵里，飯田一博：受聴者の頭部形状による両耳間時間差の推定――重回帰モデルの再検討――，日本音響学会講演論文集，pp.877-880

(2016.3)
4) A. W. Mills：On the minimum audible angle, J. Acoust. Soc. Am., **30**, pp.237-246（1958）
5) R. M. Hershkowitz and N. I. Durlach：Interaural time and amplitude jnds for a 500-Hz tone, J. Acoust. Soc. Am., **46**, pp.1464-1467（1969）
6) R. H. Domnitz and H. S. Colburn：Lateral position and interaural discrimination, J. Acoust. Soc. Am., **61**, pp.1586-1598（1977）
7) W. M. Hartmann and Z. A. Constan：Interaural level differences and the level-meter model, J. Acoust. Soc. Am., **112**, pp.1037-1045（2002）
8) L. R. Bernstein：Sensitivity to interaural intensitive disparities：Listeners' use of potential cues, J. Acoust. Soc. Am., **115**, pp.3156-3160（2004）
9) 石井要次，西岡伸介，飯田一博：正中面のスペクトラルノッチと耳介形状の個人差に関する考察——定量的個人差情報を備えた頭部伝達関数データベースの構築——，日本音響学会講演論文集，pp.463-466（2012.9）
10) M. D. Burkhard and R. M. Sachs：Anthropometric manikin for acoustic researchs, J. Acoust. Soc. Am., **58**, pp.214-222（1975）
11) 飯田一博，森本政之編著：空間音響学，pp.75-78, コロナ社（2010）
12) 飯田一博，石井要次，西岡伸介：耳介形状から推定したスペクトラルノッチ周波数に基づいた頭部伝達関数の個人化，日本音響学会聴覚研究会資料，H-2013-91（2013）
13) H. Møller, D. Hanmmershøi, C. B. Jensen, and M. F. Sørensen：Evaluation of artificial heads in listening tests, J. Audio Eng. Soc., **47**, 3, pp.83-100（1999）
14) H. Møller, C. B. Jensen, D. Hanmmershøi, and M. F. Sørensen：Using a typical human subject for binaural recording, Audio Eng. Soc., Reprint 4157（C-10），(1996.5)
15) 飯田一博，中村一啓：正中面の頭部伝達関数の非個人化に関する一考察，日本音響学会講演論文集，pp.297-298（2000.9）
16) D. N. Zotkin, J. Hwang, R. Duraiswami, and L. S. Davis：HRTF personalization using anthropometric measurements, IEEE Workshop on Applications of Signal Processing to Audio and Acoustics（2003）
17) J. C. Middrebrooks：Individual differences in external-ear transfer functions reduced by scaling in frequency, J. Acoust. Soc. Am., **106**, pp.1480-1492（1999）
18) J. C. Middrebrooks：Virtual localization improved by scaling nonindividualized external-ear transfer functions in frequency, J. Acoust. Soc. Am., **106**, pp.1493-1510（1999）
19) D J. Kistler and F. L. Wightman：A model of head-related transfer functions based on principal components analysis and minimum-phase reconstruction, J. Acoust. Soc. Am., **91**, pp.1637-1647（1992）

20) J. C. Middlebrooks and D. M. Green : Observations on a principal components analysis of head-related transfer functions, J. Acoust. Soc. Am., **92**, pp.597-599 (1992)
21) S. G. Rodriguez and M. A. Ramirez : Extracting and modeling approximated transfer functions from HRTF data, Proc. ICAD 05-Eleventh Meeting of the International Conference on Auditory Display, Limerick, Ireland, July 6-9, pp.269-273 (2005)
22) H. Hu, L. Zhou, H. Ma, and Z. Wu : HRTF personalization based on artificial neural network in individual virtual auditory space, Applied Acoustics, **69**, pp.163-172 (2008)
23) S. Xu, Z. Li, and G. Salvendy : Improved method to individualize head-related transfer function using anthropometric measurements, Acoust. Sci. & Tech., **29**, pp.388-390 (2008)
24) Hugeng, W. Wahab, and D. Gunawan : Improved method for individualization of head-related transfer functions on horizontal plane using reduced number of anthropometric measurements, J. Telecominucations, **2**, pp.31-41 (2010)
25) K. Iida, Y. Ishii, and S. Nishioka : Personalization of head-related transfer functions in the median plane based on the anthropometry of the listener's pinnae, J. Acoust. Soc. Am., **136**, pp.317-333 (2014)
26) S. Spagnol and F. Avanzini : Frequency estimation of the first pinna notch in head-related transfer functions with a linear anthropometric model, Proc. of the 18th Int. Conference on Digital Audio Effects (DAFx-15), Trondheim, Norway, Nov 30 - Dec 3 (2015)
27) 千勝智美，石井要次，飯田一博：受聴者の耳介形状による頭部伝達関数のスペクトラルピーク周波数の推定，日本音響学会講演論文集，pp.797-798 (2014.9)
28) P. Mokhtari, H. Takemoto, R. Nishimura, and H. Kato : Frequency and amplitude estimation of the first peak of head-related transfer functions from individual pinna anthropometry J. Acoust. Soc. Am., **137**, pp.690-701 (2015)
29) P. Mokhtari, H. Takemoto, R. Nishimura, and H. Kato : Vertical normal modes of human ears : Individual variation and frequency estimation from pinna anthropometry, J. Acoust. Soc. Am., **140**, pp.814-831 (2016)
30) B. U. Seeber and H. Fastl : Subjentive selection of non-individual head-related transfer functions, Proceedings of the 2003 International Conference on Auditory Display, Boston, MA, USA, July 6-9, 2003 ICAD03-(1-4)
31) Y. Iwaya : Individualization of head-related transfer functions with tournament-style listening test : Listening with other's ears, Acoust. Sci. & Tech. **27**, pp.340-343 (2006)
32) 飯田一博，森本 政之：頭部伝達関数の個人化に向けて―聴覚の方向知覚の手掛

かりに基づいたアプローチ―，日本音響学会講演論文集，pp.1473-1476（2009.3.）
33) V. R. Algazi, C. Avendano, and R. O. Duda：Estimation of spherical-head model from anthropometry, J. Audio Eng. Soc., **49**, pp.472-479（2001）
34) 渡邉貫治，岩谷幸雄，行場次朗，鈴木陽一，高根昭一：身体特徴量に基づく両耳間時間差の予測に関する検討，日本バーチャルリアリティ学会論文誌，**10**, 609-617（2005）
35) K. Watanabe, K. Ozawa, Y. Iwaya, Y. Suzuki, and K. Aso：Estimation of interaural level difference based on anthropometry and its effect on sound localization, J. Acoust. Soc. Am., **122**, pp.2832-2841（2007）
36) B. F. G. Katz：Boundary element method calculation of individual head-related transfer function. I. Rigid model calculation, J. Acoust. Soc. Am., **110**, pp.2440-2448（2001）
37) B. F. G. Katz：Boundary element method calculation of individual head-related transfer function. II. Impedance effects and comparisons to real measurements, J. Acoust. Soc. Am., **110**, pp.2449-2455（2001）
38) Y. Kahana and P. A. Nelson：Numerical modelling of the spatial acoustic response of the human pinna, J. Sound and Vibration, **292**, pp.148-178（2006）
39) W. Kreuzer, P. Majdak, and Z. Chen：Fast multipole boundary element method to calculate head-related transfer functions for a wide frequency range, J. Acoust. Soc. Am., **126**, pp.1280-1290（2009）
40) H. Takemoto, P. Mokhtari, H. Kato, R. Nishimura, and K. Iida：Mechanism for generating peaks and notches of head-related transfer functions in the median plane, J. Acoust. Soc. Am., **132**, pp.3832-3841（2012）

# 5 任意の3次元方向の頭部伝達関数と音像制御

 任意の3次元方向への音像制御を実現するにはあらゆる方向の頭部伝達関数が必要になるのだろうか。本章では，3次元空間の離散的な方向で得た有限個の頭部伝達関数を用いて任意の方向に音像を制御する方法について議論する。

## 5.1 頭部伝達関数の空間的な補間

 有限個の頭部伝達関数により任意の方向へ音像を制御する方法の1つとして頭部伝達関数の空間的な補間が考えられる。測定した方向の頭部伝達関数から，測定していない方向の頭部伝達関数を推定するという考え方である。線形2点補間およびスプライン補間を用いた結果，水平面は45°，正中面は30°間隔で測定しておけば補間が可能であるという結果が報告されている[1]。3.3.2項で述べたように，音源方向に対するノッチの周波数やレベルの変化は単調ではないため，補間を行うにはある程度の測定点が必要不可欠であると考えられる。

 正中面のN1，N2周波数の補間については，以下の方法が提案されている。図 5.1（a），（b）はそれぞれ6名の被験者の上半球正中面7方向（0～180°，30°間隔）で測定したN1，N2周波数である。0°の周波数には個人差があるが，上昇角による周波数の変化には共通性がみられる。各受聴者の正中面のN1，N2周波数，$f_{N1}(\beta)$ および $f_{N2}(\beta)$ は図 5.2 および式（5.1），式（5.2）のように推定できることが報告されている[2]。

## 5.2 矢状面間でのノッチとピークの類似性

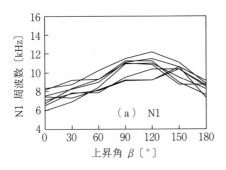
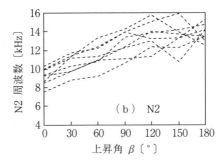

図 5.1 上半球正中面における被験者 6 名の N1 周波数と N2 周波数

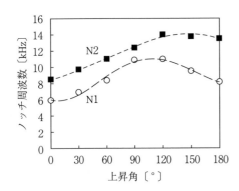

図 5.2 上半球正中面における被験者 6 名の N1, N2 周波数の平均値と重回帰式による推定値

$$f_{N1}(\beta) = 1.001 \times 10^{-5} \times \beta^4 - 6.431 \times 10^{-3} \times \beta^3 + 8.686 \times 10^{-1} \times \beta^2 \\ - 3.265 \times 10^{-1} \times \beta + f_{N1}(0) \tag{5.1}$$

$$f_{N2}(\beta) = 1.310 \times 10^{-5} \times \beta^4 - 5.154 \times 10^{-3} \times \beta^3 + 5.020 \times 10^{-1} \times \beta^2 \\ + 2.565 \times 10 \times \beta + f_{N2}(0) \tag{5.2}$$

ここで，$\beta$ は音源の上昇角，$f_{N1}(0)$ および $f_{N2}(0)$ はそれぞれ正面方向の N1, N2 周波数である。

## 5.2 矢状面間でのノッチとピークの類似性

2, 3 章で述べた方向知覚の手掛かりに着目すれば，より効率の良い 3 次元方向への音像制御が期待できる。例えば，横断面内では頭部伝達関数の振幅ス

ペクトルはあまり変化しないことが観測されている[3]。また，側方角が0°（正中面），30°，60°のいずれの矢状面においても，同様の周波数で方向決定帯域（6章参照）が生じることが報告されている（**図5.3**）[4]。

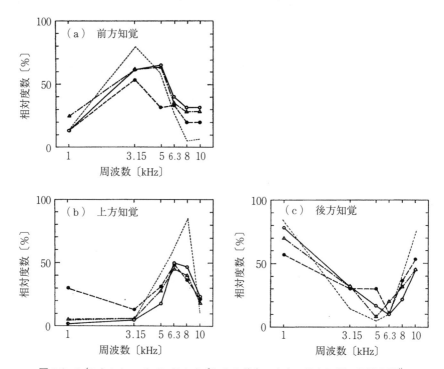

**図5.3** 1/3オクターブバンドノイズによる前方，上方，後方知覚の相対度数[4]。
○：側方角30°の矢状面，△：側方角60°の矢状面，●：側方角90°，点線：Blauert[6]による正中面での結果。

これらのことから，「上昇角知覚のスペクトルキューは矢状面間で共通である」という仮説が立てられる。これを物理的に検証するために，**図5.4**に示す3つの側方角（$\alpha$：0°，30°，60°）を通る矢状面において，頭部伝達関数の類似性を検証した。これら3つの矢状面において，上昇角が等しい方向のKEMARダミーヘッドの頭部伝達関数を**図5.5**に示す[5]。頭部伝達関数には，側方角の違いにかかわらず上昇角に固有のノッチやピークの特徴がある。

これらの頭部伝達関数の類似性を定量的に検証するため，上昇角ごとに3つ

## 5.2 矢状面間でのノッチとピークの類似性

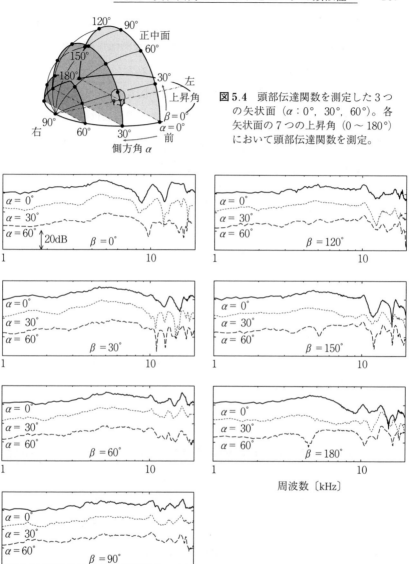

**図5.4** 頭部伝達関数を測定した3つの矢状面（$\alpha$：0°，30°，60°）。各矢状面の7つの上昇角（0〜180°）において頭部伝達関数を測定。

**図5.5** 上半球面の7つの上昇角におけるKEMARダミーヘッド（右耳）の頭部伝達関数[5]。実線は側方角0°（正中面），点線は30°，破線は60°。

の側方角の頭部伝達関数の振幅スペクトルの相関係数を求めた（**表5.1**）。上昇角が0〜120°では，3つの矢状面間における頭部伝達関数の相関はいずれも高く，無相関の検定も有意水準1％で棄却された。一方，上昇角が150°，180°においては，側方角が0°と30°の矢状面間では相関関係が認められるが，0°と60°および30°と60°の矢状面間では相関関係は認められなかった。

表5.1　側方角間の頭部伝達関数の相関係数。
\*\*：$p<0.01$，\*：$p<0.05$

| 上昇角 $\beta$〔°〕 | 側方角 $\alpha$〔°〕の組合せ | | |
|---|---|---|---|
| | 0と30 | 0と60 | 30と60 |
| 0 | 0.88\*\* | 0.53\*\* | 0.71\*\* |
| 30 | 0.92\*\* | 0.86\*\* | 0.87\*\* |
| 60 | 0.96\*\* | 0.93\*\* | 0.94\*\* |
| 90 | 0.94\*\* | 0.87\*\* | 0.92\*\* |
| 120 | 0.91\*\* | 0.77\*\* | 0.68\*\* |
| 150 | 0.82\*\* | 0.15 | -0.19 |
| 180 | 0.54\*\* | -0.11 | -0.35 |

つまり，前方および上方では側方角によらず頭部伝達関数の振幅スペクトルは共通であるとみなせる。しかし，後方においては側方角が30°を超えると矢状面間で違いが生じる。

## 5.3　正中面頭部伝達関数と両耳間差による3次元音像制御

前節で述べた結果より「上昇角知覚に必要なスペクトラルキューは，1つの矢状面（例えば正中面）によるもので代表させて，これに両耳間差を加えることによって，任意の方向に音像を定位させる」という定位モデルを導くことができる。

### 5.3.1　実測正中面頭部伝達関数と両耳間差による3次元音像制御

この定位モデルにおいて，スペクトラルキューとして実測正中面頭部伝達関

## 5.3 正中面頭部伝達関数と両耳間差による3次元音像制御

数を用いた実験結果を**図 5.6** に示す[7),8)]。両耳間時間差と両耳間レベル差は水平面4方向（0～90°，30°間隔）の頭部伝達関数から求めた値を用いた。図の半径方向は側方角を，円周方向は上昇角を表す。目標の側方角と上昇角をそれぞれ太線で示している。

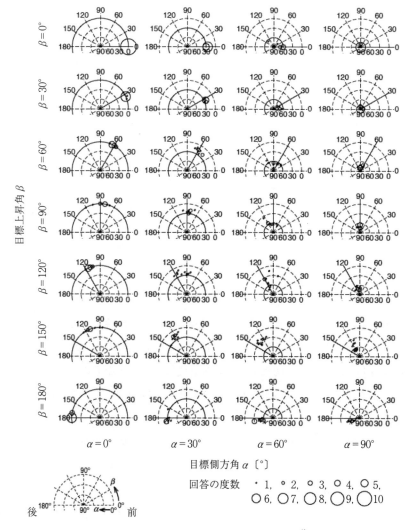

**図 5.6** 正中面の頭部伝達関数と両耳間差情報による音像定位[8)]。円弧は側方角 $\alpha$, 放射状の直線は上昇角 $\beta$ を示す。太線は目標方向を示す。

側方角の回答は，側方でややばらつくが，提示した方向付近に分布している。上昇角については，前方および後方で精度が良く，上方でややばらついている。これは実音源による正中面定位（付録 A.1.3 参照）と同様の結果である。音像が側方に生じた場合でも，回答はほぼ目標の上昇角の近くに分布しており，前後誤判定も生じていない。

側方角および上昇角の平均定位誤差を**表 5.2** に示す（$\alpha = 90°$ では $\beta$ が定義されないので，誤差を求めることはできない）。側方角の平均定位誤差は本人の頭部伝達関数を再現した場合[9]と同程度である。平均定位誤差は側方になるほど大きくなるが，これは実音源の水平面定位の弁別閾（付録 A.1.3 参照）と同様の傾向である。上昇角の平均定位誤差も本人の頭部伝達関数を再現した場合[9]と同程度である。

表 5.2　正中面の頭部伝達関数と両耳間差情報による矢状面ごとの平均定位誤差〔°〕[8]

| | 矢状面の側方角 $\alpha$ | | | |
|---|---|---|---|---|
| | 0° | 30° | 60° | 90° |
| 側方角 $\alpha$ の平均定位誤差 | 1 | 7 | 16 | 23 |
| 上昇角 $\beta$ の平均定位誤差 | 15 | 13 | 21 | — |

これらのことは，音像の左右方向と前後上下方向を，それぞれ両耳間差キューとスペクトラルキューで独立して制御できる可能性を示している。アプリケーションにもよるが，任意の3次元方向への音像制御を実現するうえで，あらゆる方向の頭部伝達関数を準備する必要はなく，正中面の頭部伝達関数と両耳間差情報でも，その方向の頭部伝達関数とほぼ同程度の音像制御が可能といえる。

さらに，両耳間差情報として両耳間時間差もしくは両耳間レベル差のいずれかを与え，2つの両耳間差が側方角知覚に及ぼす影響を検討した[10]。両者の平均定位誤差を**表 5.3** および**表 5.4** に示す。側方角については，両耳間時間差だけを与えた場合は，時間差とレベル差の両方を与えた場合（表 5.2）と同程度の平均定位誤差である。しかし，両耳間レベル差だけを与えた場合の平均定位

## 5.3 正中面頭部伝達関数と両耳間差による3次元音像制御

**表5.3** 正中面の頭部伝達関数と両耳間時間差による矢状面ごとの平均定位誤差〔°〕[10]

| | 矢状面の側方角 $\alpha$ | | | |
|---|---|---|---|---|
| | 0° | 30° | 60° | 90° |
| 側方角 $\alpha$ の平均定位誤差 | 1 | 13 | 22 | 29 |
| 上昇角 $\beta$ の平均定位誤差 | 13 | 14 | 16 | — |

**表5.4** 正中面の頭部伝達関数と両耳間レベル差による矢状面ごとの平均定位誤差〔°〕[10]

| | 矢状面の側方角 $\alpha$ | | | |
|---|---|---|---|---|
| | 0° | 30° | 60° | 90° |
| 側方角 $\alpha$ の平均定位誤差 | 1 | 15 | 33 | 67 |
| 上昇角 $\beta$ の平均定位誤差 | 15 | 15 | 21 | — |

誤差は側方になるに従って増大した。音源が低周波成分を含む広帯域信号である場合には，両耳間時間差がほかの手掛かりに比べて優位に働くことが知られている[11]。この知見に基づけば，両耳間時間差だけを与えた場合には音像が側方に生じるが，両耳間レベル差だけを与えた場合には「両耳間時間差がゼロである」という情報が優位に働いて音像が正中面近くに生じたと解釈することができる。

上昇角については，いずれの場合も時間差とレベル差の両方を与えた場合（表5.2）と同程度の値であった。

ただし，被験者からは，両方の両耳間差を与えた場合のほうが，距離感のある自然な音像を知覚したという内観報告があり，両耳間レベル差も音像定位に寄与があると考えられる。

### 5.3.2 正中面パラメトリックHRTFと両耳間時間差による3次元音像制御

ここまでの議論により，上昇角知覚の手掛かりであるN1とN2を用いて再構成した正中面内のパラメトリックHRTFと水平面の両耳間時間差によっても任意の3次元方向へ音像制御できるのではないかと考えられる。この方法には，頭部伝達関数の個人差問題を正中面内のN1，N2と水平面内の両耳間時間

差に限定できるという利点がある。

この方法による音像定位結果を**図 5.7** に示す[12]。目標方向は図 5.4 と同様の 22 方向である。側方角 $\alpha=30°$ の矢状面では正中面と同程度の回答分布の傾向

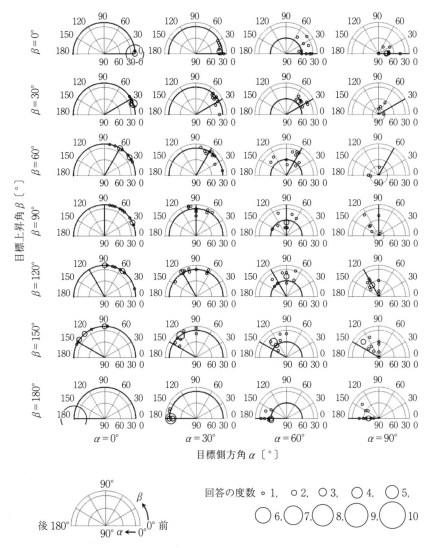

**図 5.7** 正中面のパラメトリック HRTF（N1N2P1）と両耳間時間差よる音像定位[12]。円弧は側方角 $\alpha$，放射状の直線は上昇角 $\beta$ を示す。太線は目標方向を示す。

## 5.3 正中面頭部伝達関数と両耳間差による3次元音像制御

であったが,側方角 $\alpha = 60°$ の矢状面では回答にややばらつきがみられた。

目標方向と回答方向の差をそれぞれの方向のなす角 $\theta$(式 (5.3),**図 5.8**)で算出した。

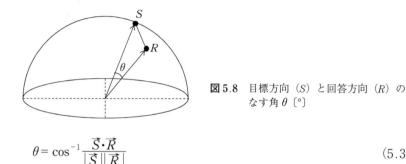

**図 5.8** 目標方向 ($S$) と回答方向 ($R$) のなす角 $\theta$ [°]

$$\theta = \cos^{-1} \frac{\vec{S} \cdot \vec{R}}{|\vec{S}||\vec{R}|} \tag{5.3}$$

ここで,$\vec{S}$ は目標方向,$\vec{R}$ は回答方向のベクトルである。

**表 5.5** に2名の被験者の平均値を示す。正中面($\alpha = 0°$)および真横($\alpha = 90°$)では実測頭部伝達関数に比べて誤差はやや大きいが,$\alpha = 30°$,60°の矢状面では同等であった。

**表 5.5** 正中面のパラメトリック HRTF(N1N2P1)と両耳間時間差による音像定位の矢状面ごとの誤差,および目標方向の実測 HRTF による音像定位の矢状面ごとの誤差。目標方向と回答方向のなす角 $\theta$ [°] で表す。(2名の被験者の平均値)

| 方法 | 矢状面の方位角 $\alpha$ [°] | | | | |
|---|---|---|---|---|---|
| | 0 | 30 | 60 | 90 | 平均 |
| 正中面 N1N2P1 + ITD | 21 | 22 | 20 | 14 | 19 |
| 各方向の実測 HRTF | 14 | 21 | 20 | 7 | 16 |

### 5.3.3 正中面 best-matching HRTF と両耳間時間差による3次元音像制御

正中面内の best-matching HRTF と両耳間時間差を用いた3次元音像制御の結果を**図 5.9** および**図 5.10** に示す[13]。(a)は被験者本人の目標方向の実測 HRTF,(b)は被験者本人の正中面実測 HRTF に水平面の両耳間時間差を付加したもの,(c)は正中面 best-matching HRTF に水平面の両耳間時間差を付加したものである。

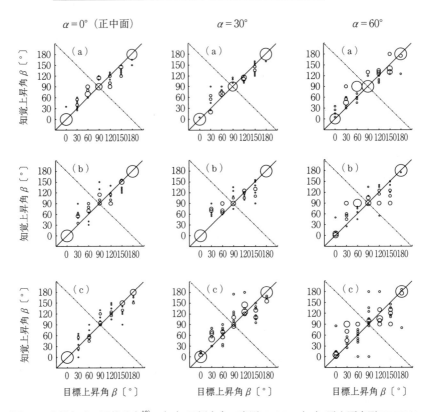

**図 5.9** 上昇角 $\beta$ の回答分布[13]。(a) 目標方向の実測 HRTF, (b) 正中面実測 HRTF に両耳間時間差を付加, (c) 正中面 best-matching HRTF に両耳間時間差を付加

　正中面の best-matching HRTF と両耳間時間差により, $\alpha=0°$（正中面）の矢状面と 90°（真横）では, その方向の実測 HRTF と同等の定位精度が得られた。$\alpha=30°$ および 60° の矢状面においては, best-matching HRTF の音像定位精度はおおむね良好であったが, 一部の目標の上昇角において, 実測 HRTF と比較して低下した。

　上昇角および側方角の平均定位誤差を**表 5.6** および**表 5.7** に示す。上昇角, 側方角ともに, ほとんどの目標方向において, best-matching HRTF と両耳間時間差の組合せで実測頭部伝達関数と同等の値となった。しかし, $\alpha=30°$ および 60° の矢状面においては, $\beta=90°$ において上昇角が, $\beta=180°$ において

## 5.3 正中面頭部伝達関数と両耳間差による3次元音像制御

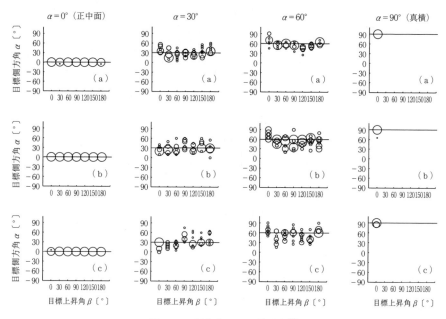

**図 5.10** 側方角 $\alpha$ の回答分布[13]

**表 5.6** 上昇角の平均定位誤差 [°]。(a) 目標方向の実測頭部伝達関数, (b) 正中面実測頭部伝達関数に両耳間時間差を付加, (c) 正中面 best-matching HRTF に両耳間時間差を付加

| 目標側方角 $\alpha$ [°] | HRTF | 目標上昇角 $\beta$ [°] | | | | | | | |
|---|---|---|---|---|---|---|---|---|---|
| | | 0 | 30 | 60 | 90 | 120 | 150 | 180 | 平均 |
| 0 | (a) | 1.9 | 10.6 | 15.1 | 18.4 | 18.1 | 11.1 | 2.2 | 11.1 |
| | (b) | 2.0 | 19.4 | 17.7 | 24.3 | 16.8 | 15.4 | 1.4 | 13.9 |
| | (c) | 1.5 | 15.8 | 16.8 | 16.4 | 16.4 | 18.3 | 4.4 | 12.8 |
| 30 | (a) | 4.1 | 20.4 | 19.6 | 11.4 | 13.0 | 16.3 | 4.1 | 12.7 |
| | (b) | 2.1 | 23.3 | 16.9 | 19.4 | 15.2 | 14.9 | 0.8 | 13.2 |
| | (c) | 3.8 | 23.2 | 18.2 | 24.3 | 17.7 | 16.2 | 3.2 | 15.2 |
| 60 | (a) | 15.8 | 29.0 | 24.8 | 9.8 | 29.2 | 41.6 | 9.5 | 22.8 |
| | (b) | 17.2 | 25.6 | 20.8 | 14.9 | 20.1 | 30.8 | 5.5 | 19.3 |
| | (c) | 13.3 | 28.3 | 19.2 | 23.9 | 21.6 | 31.9 | 11.9 | 21.4 |

表5.7 側方角の平均定位誤差〔°〕

| 目標側方角 $\alpha$〔°〕 | HRTF | 目標上昇角 $\beta$〔°〕 | | | | | | | 平均 |
|---|---|---|---|---|---|---|---|---|---|
| | | 0 | 30 | 60 | 90 | 120 | 150 | 180 | |
| 0 | (a) | 4.5 | 1.6 | 0.8 | 0.9 | 0.6 | 0.3 | 2.5 | 1.6 |
| | (b) | 4.9 | 2.6 | 0.9 | 0.8 | 0.3 | 0.3 | 8.2 | 2.6 |
| | (c) | 0.6 | 0.3 | 0.3 | 0.0 | 1.2 | 0.6 | 2.5 | 0.8 |
| 30 | (a) | 7.6 | 12.3 | 10.2 | 11.9 | 9.9 | 10.4 | 10.3 | 10.4 |
| | (b) | 10.6 | 15.2 | 18.4 | 15.0 | 15.2 | 13.1 | 11.2 | 14.1 |
| | (c) | 11.4 | 12.6 | 12.7 | 16.2 | 16.3 | 13.1 | 20.9 | 14.7 |
| 60 | (a) | 10.0 | 13.5 | 7.2 | 8.8 | 14.9 | 13.5 | 9.2 | 11.0 |
| | (b) | 13.8 | 17.3 | 17.9 | 19.3 | 16.8 | 11.2 | 9.5 | 15.1 |
| | (c) | 11.3 | 18.1 | 13.8 | 11.9 | 13.8 | 18.3 | 18.3 | 15.1 |
| 90 | (a) | 2.1 | | | | | | | |
| | (b) | 3.3 | | | | | | | |
| | (c) | 2.3 | | | | | | | |

側方角が，それぞれ実測頭部伝達関数の約2倍となった。

## 5.4　矢状面間の合成音像

同一信号を水平面内に設置した2つのスピーカから提示した場合の合成音像については2章で述べた。ここでは，図5.11に示すように異なる矢状面で上昇角が等しい2点 $S_1$，$S_2$ から同一信号を提示した場合の音像について議論する。

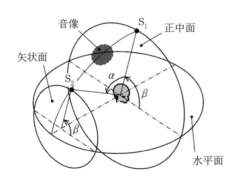

図5.11　異なる矢状面で上昇角が等しい2点 S1，S2

## 5.4 矢状面間の合成音像

無響室内で側方角 $\alpha = 0°$（正中面），30°，60°の各矢状面内にそれぞれ上昇角 $\beta$ が $0 \sim 180°$ の7方向（30°間隔）にスピーカを設置して（**図5.12**），$\alpha = 0°$ と 60° の矢状面の上昇角が等しい2個のスピーカから同時に白色雑音を提示する音像定位実験を行った[14]。また，比較のために，$\alpha = 30°$ の矢状面の単一スピーカからも白色雑音を提示した。

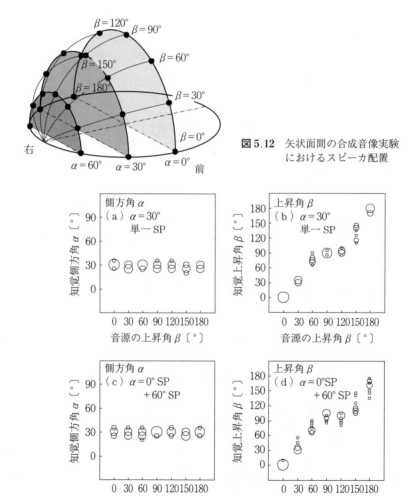

**図5.12** 矢状面間の合成音像実験におけるスピーカ配置

**図5.13** 矢状面間の合成音像の定位実験結果[14]

図5.13に実験結果を示す．図（a），（b）は $\alpha=30°$ の矢状面の単一スピーカから提示した場合の側方角および上昇角の回答である．側方角の回答は30°付近に分布し，上昇角の回答はほぼ対角線上に分布している．図（c），（d）は $\alpha=0°$ と $\alpha=60°$ の矢状面内のスピーカから同時に提示した場合の回答である．側方角の回答はすべて30°付近に分布しており，水平面での合成音像定位と同様に，2つのスピーカの間に側方角を知覚している．さらに，上昇角の回答もほぼ対角線上に分布しており，2つのスピーカが提示した上昇角付近に音像が知覚されている．したがって，異なる矢状面内で上昇角が等しい2音源から同一信号を提示すると，2つの音源の間に合成音像を知覚するといえる．

# 引用・参考文献

1) 西野隆典，梶田将司，武田一哉，板倉文忠：水平方向及び仰角方向に関する頭部伝達関数の補間，日本音響学会誌，**57**，pp.685–692（2001）
2) K. Iida and Y. Ishii：Individualization of the head-related transfer functions in the basis of the spectral cues for sound localization, in Principles and Applications of Spatial Hearing, edited by Y. Suzuki, D. Brungard, Y. Iwaya, K. Iida, D. Cabrera, and H. Kato（World Scientific, Singapore），pp.159–178（2011）
3) 森本政之，青方均，前川純一：上半球面上の方向定位における両耳の役割，日本音響学会聴覚研究会資料，H-81-37（1981）
4) M. Morimoto and H. Aotaka：Localization cues of sound sources in the upper hemisphere, J. Acoust. Soc. Jpn.（E），**5**，pp.165–173（1984）
5) 飯田一博，伊藤元邦，森本政之：矢状面間のHRTFの類似性，日本音響学会講演論文集，pp.597–598（2002.3）
6) J. Blauert：Sound localization in the median plane, ACUSTICA, **22**, pp.205–213（1969/70）
7) 飯田一博，林英吾，伊藤元邦，森本政之：両耳間差と正中面HRTFによる3次元音像定位—Ⅰ．側方角知覚と上昇角知覚に基づく新しい音像定位方式—，日本音響学会講演論文集，pp.457–458（2001.3）
8) M. Morimoto, K. Iida, and M. Itoh：Upper hemisphere sound localization using head-related transfer functions in the median plane and interaural differences, Acoust. Sci. & Tech. **24**, pp.267–275（2003）
9) M. Morimoto and Y. Ando：On the simulation of sound localization, J. Acoust. Soc. Jpn.（E），**1**，pp.167–174（1980）

10) 伊藤元邦, 飯田一博, 林英吾, 森本政之：両耳間差と正中面 HRTF による 3 次元音像定位—II. 側方角知覚に及ぼす ITD と ILD の効果—, 日本音響学会講演論文集, pp.459-460 (2001.3)
11) F. L. Wightnman and D. J. Kistler：The dominant role of low-frequenct interaural time difference in sound localization, J. Acoust. Soc. Am., **91**, pp.1648-1661 (1992)
12) 石井要次, 飯田一博：正中面内のパラメトリック頭部伝達関数と両耳間時間差による上半球面音像制御, 日本音響学会講演論文集, pp.529-532 (2011.3)
13) 宮本雄太, 石井要次, 飯田一博：正中面の best-matching 頭部伝達関数と両耳間時間差による 3 次元音像制御, 日本音響学会講演論文集, pp.605-608 (2014.9)
14) 伊藤元邦, 森本政之, 飯田一博：矢状面内の 2 音源による合成音像定位, 日本音響学会講演論文集, pp.459-460 (2002.3)

# 6 方向決定帯域とスペクトラルキュー

## 6.1 方向決定帯域とは

　Blauert は 1/3 オクターブバンドノイズを正中面の前方，上方，後方からランダムに提示する音像定位実験を行い，どの方向から提示しても，特定の方向に知覚する帯域があることを報告し[1]，この帯域を**方向決定帯域**（directional band）と呼んだ。

　**図 6.1** は，前方，上方，後方の 3 つの回答のうち，1 つの方向の回答数がほかの 2 方向を合わせた回答数よりも有意水準 5 ％ で多いとみなせる被験者の相対度数を示している。また，図上の白抜き部は有意水準 10 ％ でその方向に判断した被験者がほかよりも多いとみなせる方向決定帯域を示し，斜線部はほとんどそれに近い方向決定帯域を示している。これより，中心周波数が 315 〜

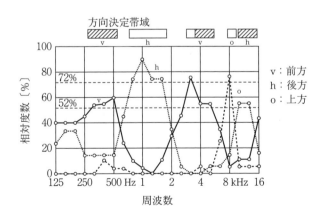

図 6.1　方向決定帯域[1]

500 Hz, および 3.15～5 kHz の 1/3 オクターブバンドは前方に, 800 Hz～1.6 kHz, および 10～12.5 kHz は後方に, 8 kHz は上方に知覚することがわかる.

さらに, 頭部伝達関数を分析して, 方向決定帯域ではほかの方向と比較してエネルギーが大きいことを報告し, これを**卓越周波数帯域**（boosted band）と呼んだ.

## 6.2 方向決定帯域の個人差

7名の被験者（A～G）を用いて個人ごとに求めた方向決定帯域を**表6.1**に示す[2]. All は全被験者の回答から求めた方向決定帯域である. Blauert が求めた方向決定帯域も併せて示す. これらの結果を比較すると, いずれの被験者においても中心周波数が高くなるに従って, 後→前→上→後と方向決定帯域が変化する点は共通である. しかし, その周波数には違いが見られる. つまり, 方向決定帯域には個人差が存在する.

一方で, 表（a）の 1/3 オクターブバンドノイズと, 表（b）の 1/6 オクターブバンドノイズの間には大きな違いはみられない.

表6.1 7名の被験者の方向決定帯域〔kHz〕[2]

(a) 1/3 オクターブバンド

(b) 1/6 オクターブバンド

## 6.3 方向決定帯域の帯域幅

方向決定帯域の生じる帯域幅についても検討されている[3]。**表6.2**に1/6オクターブバンドノイズに対する4名の方向決定帯域を示す。方向決定帯域が生じた3種類の中心周波数（1 250 Hz：後方，4 000 Hz：前方および後方，7 127 Hz：上方および後方）について，帯域幅を狭めた（1/6, 1/12, 1/24オクターブバンドおよび純音）刺激を用いて音像定位実験を行った。その結果を**表6.3**に示す。一部を除き，帯域幅を狭めても（純音でも）1/6オクターブバンドノイズと同様の方向決定帯域が生じた。

**表6.2** 1/6オクターブバンドノイズによる方向決定帯域[3]

**表6.3** 帯域幅を狭めた刺激に対する方向決定帯域[3]

(a) 中心周波数 1 250 Hz

(b) 中心周波数 4 000 Hz

(c) 中心周波数 7 127 Hz

## 6.4 方向決定帯域とスペクトラルキューの関係

さらに，1/6オクターブバンドの方向決定帯域が同じ方向に生じる連続した帯域をつなげた刺激を用いた音像定位実験を行った。その結果を**表**6.4に示す。被験者SKGは5種類のうち4種類の刺激で1/6オクターブバンドと同じ方向に方向決定帯域が生じた。しかし，中心周波数11 314〜16 000 Hzの刺激では，1/6オクターブバンドでは前方であったのと異なり，後方の方向決定帯域となった。被験者NMRでは，3種類すべての刺激で1/6オクターブバンドと同様の方向決定帯域が生じた。

**表**6.4 帯域を連結した刺激に対する方向決定帯域[3]

（a）被験者SKG

| 被験者 | 中心周波数 [Hz] | | | | |
|---|---|---|---|---|---|
|  | 250〜1 000 | 1 122〜3 150 | 4 000〜4 490 | 6 300〜8 980 | 11 314〜16 000 |
| 1/6オクターブ |  |  |  |  |  |
| つなげた刺激 |  |  |  |  |  |

凡例：前方／上方／後方

（b）被験者NMR

| 被験者 | 中心周波数 [Hz] | | |
|---|---|---|---|
|  | 445〜2 500 | 2 828〜5 657 | 7 127〜1 000 |
| 1/6オクターブ |  |  |  |
| つなげた刺激 |  |  |  |

以上より，同じ方向に知覚する連続した方向決定帯域を連結して刺激の帯域幅を広げても，方向決定帯域は保存されると考えられる。

## 6.4 方向決定帯域とスペクトラルキューの関係

6.3節までに述べたように，純音であっても，同じ方向に知覚する連続した1/6オクターブバンドの方向決定帯域を連結したものであっても，狭帯域信号では方向決定帯域が生じる。

では，広帯域信号に対して方向決定帯域に相当するスペクトルのエネルギーを卓越させるとどのような音像を知覚するだろうか。先に述べたように8 kHzの1/3オクターブノイズを正中面内から提示すると，多くの被験者は音源方向に関わらず上方に音像を知覚する。しかし，広帯域白色雑音（200 Hz〜17 kHz）において8 kHzの1/3オクターブ帯域の音圧を卓越させて，正面もしくは後ろに設置したスピーカから提示すると，ある増加量（+18 dB程度）

までは音源方向に1つの音像を知覚し，それを超えるとこの帯域だけが空間的に分離して上方に知覚し，ほかの帯域は音源方向に知覚するという現象が生じる[4]。

　この耳入力信号は，ノッチとしては音源方向（正面もしくは後ろ）の情報を持ち，卓越周波数帯域としては上方の情報を持っている。したがって，この実験結果は上昇角知覚のスペクトラルキューとしては，ノッチは卓越周波数帯域より強く機能することを示唆している。

　Middlebrooks[5]は「聴覚システムは耳介による方向情報フィルタの知識を持ち，音像は耳入力信号が最もフィットするフィルタの方向に生じる」という仮説を提案している。これと上記の実験結果と併せて考えると「上昇角知覚において，聴覚システムは耳入力信号と頭部伝達関数のスペクトルの知識との照合を行うが，ノッチ周波数をより強い手掛かりとして利用し，これが使えない場合（狭帯域信号など）は卓越帯域を利用する」と考えるのが妥当であろう。

# 引用・参考文献

1) J. Blauert：Sound localization in the median plane, ACUSTICA, **22**, pp.205-213 (1969/70)
2) M. Itoh, K. Iida, and M. Morimoto：Individual differences in directional bands, Applied Acoustics, **68**, pp.909-915 (2007)
3) 船岡宗哉，飯田一博：方向決定帯域の帯域幅の伸縮が知覚方向に及ぼす影響，日本音響学会講演論文集，pp.773-776 (2014.9)
4) 竹内彩乃，石井要次，飯田一博：方向決定帯域を卓越させた広帯域信号による音像定位，日本音響学会講演論文集，2-1-6 (2017.3)
5) J. C. Middlebrooks：Narrow-band sound localization related to external ear acoustics, J. Acoust. Soc. Am., **92**, pp.2607-2624 (1992)

# 7 距離知覚と頭部伝達関数

3次元音響では音像距離の再現や制御も重要な要素である。しかし,その定量的な再現や制御はまだ実現していない。特に正面方向の音像は,頭内定位や額に張り付く程度の距離感しか得られないことも多い。本章では,音像距離の知覚の手掛かりについて解説する。特に,音像距離と入射方向との関係について詳しく議論する。

## 7.1 音源距離と音像距離

まず,実音源の音源距離と音像距離の関係についての実験結果を紹介する。実際の会話音声を用いた正面方向 10 m までの話者の距離と音像距離との関係を図 7.1 に示す[1]。この図では横軸が音像距離で縦軸が音源距離であることに注意されたい。音源距離が 3 m 程度までは音像距離は音源距離と一致するが,

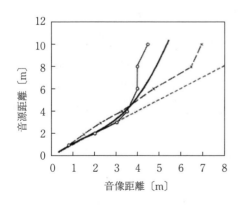

○および × は 2 名の被験者の回答。
太実線は 5 名の被験者の回答の平均値。
被験者は目隠しをしている。

図7.1 会話音声の音源距離と音像距離の関係[1]

それ以上では音源距離が増大しても音像距離はそれほど増大しない。つまり，音像は任意の広範囲の距離には生じず，音像距離を感じる聴空間には限界があるといえる。

なぜこのような現象が生じるのだろうか。これまで述べたように方向知覚では，音源方向に依存してその特性が顕著に変化する頭部伝達関数が重要な手掛かりとなっている。しかし，頭部伝達関数が距離に依存するのは，音源から約 1m 以内の近距離音場だけであり，それ以上の距離ではほとんど変化しない。つまり，1m 以上離れた音源に対しては，頭部伝達関数は距離知覚の手掛かりにはならない。音源距離の違いを反映する「人体に起因する物理的手掛かり」が存在しないことが距離知覚を困難にしていると考えられる。

## 7.2 音像距離に影響を及ぼす物理量

音波が空間を伝搬する過程には，音源距離を反映する物理量がいくつか存在する。そのおもなものを以下に述べる。

### 7.2.1 音圧レベル

音源の出力音圧を一定に保って，音源からの距離を変えると受音点での音圧レベルは変化し，その結果ラウドネスも変化する。**図 7.2** は，被験者の正面 3m から 9m の間に等間隔に 1 列に 5 個のスピーカを配置し，そのうち 3m および 9m の 2 個のスピーカから種々の音圧レベルでスピーチを放射する実験で被験者が回答した音像距離を示している[2]。音像距離は実際の音源の距離とは関係なく，受聴位置の音圧レベルに依存している。同様の結果は多くの研究により得られており，受聴音圧レベルが音像距離に影響を与えていることは間違いない。

どのようなメカニズムで音圧レベルが音像距離に結び付くのかを考えてみる。音圧レベルが距離知覚の手掛かりになるためには，受聴者があらかじめ対象とする音源のある距離での受聴音圧レベルもしくはラウドネスの知識を持つ

## 7.2 音像距離に影響を及ぼす物理量

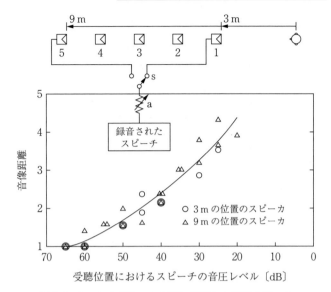

図 7.2　3 m および 9 m の距離に設置した音源を用いた受聴音圧レベルと音像距離の関係[2]

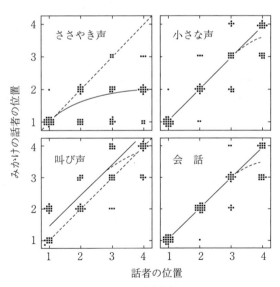

図 7.3　異なった種類の生の音声に対する音源距離と音像距離の関係[2]

ている必要がある．この条件はつねに満たされるとは限らないため，音圧レベルを手掛かりとして，音源の距離をつねに正確に知覚できるわけではない．

**図7.3**は，異なった種類の生の音声，すなわち「ささやき声」，「叫び声」，「小さな声」，「会話」に対する無響室における音源距離（話者の位置）と音像距離（みかけの話者の位置）の関係を示している．被験者は目隠しをしているので，音源距離に対する視覚的な情報はない．この図は，同じ音源距離でも，「叫び声」の音像距離は「会話」のそれより遠く，「ささやき声」のそれは近いことを示している．これは，ヒトが音源の種類ごとに音源距離と受聴音圧レベルもしくはラウドネスとの関係を学習して距離知覚に役立てていることを示唆している．

### 7.2.2 反射音の遅れ時間

通常の室内音場では，直接音に加えて多数の反射音が入射する．反射音を付加した音場シミュレーションによる距離知覚の実験により，**図7.4**に示すように反射音の遅れ時間が大きいほど音像距離（主観距離）が大きくなることが報告されている[3]．さらに，実際の空間において音源と受音点の距離を変化させたときに生じる反射音群をシミュレートして被験者に提示すると，音圧レベルとは関係なく，音源と受音点の距離の順に音像距離が知覚された．これらの結

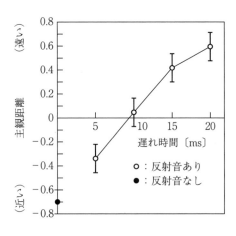

図7.4　単一反射音の遅れ時間と音像距離の関係[3]

果は，ヒトが空間の反射音構造を距離知覚の手掛かりにしていることを示唆している。

### 7.2.3 入射方向

#### 〔1〕 入射方位角と音像距離の関係

音像距離は入射方向の影響も受ける。10名の被験者に対し，無響室内の水平面12方向（30°間隔）に設置したスピーカから白色雑音を対にして提示し，シェッフェの一対比較（浦の変法）により求めた音像距離を**図7.5**に示す[4]。前方が窪み，後方に向かうにつれて曲線が広がっている。つまり，0°，±30°の音像は近く，180°，±150°の音像は遠い。

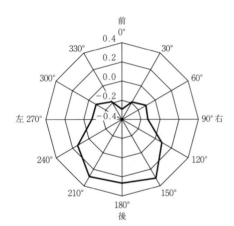

**図7.5** 10名の被験者の音源の方位角と音像距離の関係

**図7.6**は有意水準1％のヤードスティック値から，有意差があるとはみなせない方位角をグループ化したもので，12方向は正面，斜め前，横，斜め後，後の5つのグループに分けられた。左右対称な位置にある音源は同一グループ内にあり，水平面内の音源の距離感には左右対称性があると考えられる。

**図7.6** 有意水準1％のヤードスティック値に基づいた10名の被験者の水平面12方向の音像距離のグループ化

音源の方位角と音像距離の関係を被験者ごとに**図7.7**に示す。音像距離の入射方位角依存性には多少の個人差がある。有意水準1％のヤードスティックで有意差があるとはみなせない音源方向をグループ化したものを**図7.8**に示す。正面0°が最も近い被験者は10名中7名，後方3方向の150°，−150°，180°のいずれかが最も遠いと知覚した被験者は8名であり，全被験者の平均の音像距離と同じ傾向がある。つまり，被験者によって音源の入射方位角による音像距離には多少の違いはあるが，前方の音像を近くに，後方の音像を遠くに知覚する傾向は共通している。しかし，被験者Fはすべての対で有意差がなく，被験者G，Hはほとんどの対で有意差がみられない。

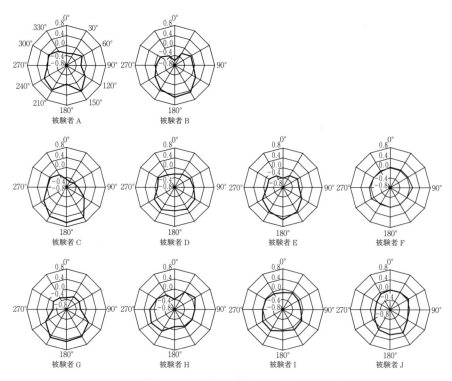

**図7.7** 被験者ごとの音源の方位角と音像距離の関係

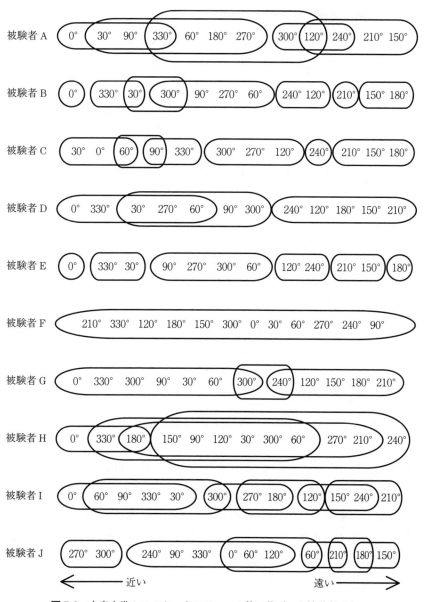

**図 7.8** 有意水準 1% のヤードスティック値に基づいた被験者ごとの水平面 12 方向の音像距離のグループ化

## 〔2〕 入射上昇角と音像距離の関係

方位角と同様に10名の被験者に対し，無響室内の正中面7方向（30°間隔）にスピーカを設置して音像距離が求められた[5]。その結果を図7.9に示す。0°，30°の音像は近く，120°，90°，150°の音像は遠い。

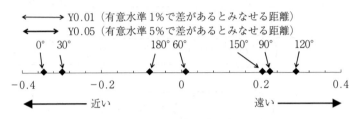

**図7.9** 10名の被験者の音源方向と音像距離の関係

有意水準1％のヤードスティック値を用いて有意差があるとはみなせない上昇角をグループ化したものを図7.10に示す。7方向は3つのグループに分けられた。正中面においても音源の入射上昇角によって音像距離に差があり，前方を近く，斜め後方を遠くに知覚している。

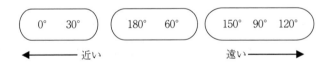

**図7.10** 有意水準1％のヤードスティック値に基づいた10名の被験者の正中面7方向の音像距離のグループ化

被験者ごとの音源の上昇角と音像距離の関係を図7.11に示す。0°を最も近くに知覚した被験者は10名中6名（A, B, C, E, H, J）で，30°を最も近くに知覚した被験者は3名（D, F, G）であった。また，120°を最も遠くに知覚した被験者は7名（B, C, D, E, F, H, J）で，90°を最も遠くに知覚した被験者は1名（G）であった。150°を最も遠くに知覚した被験者は2名（A, I）であった。

有意水準1％のヤードスティックで有意差があるとはみなせない音源方向をグループ化したものを図7.12に示す。最も近いと知覚したグループに正面

## 7.2 音像距離に影響を及ぼす物理量

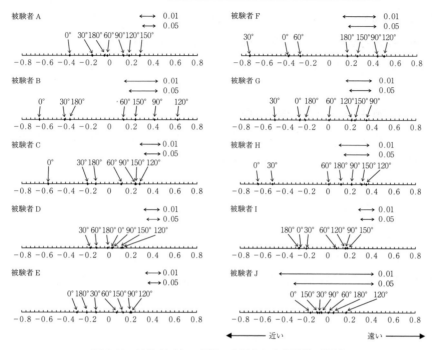

**図7.11** 被験者ごとの音源の上昇角と音像距離の関係

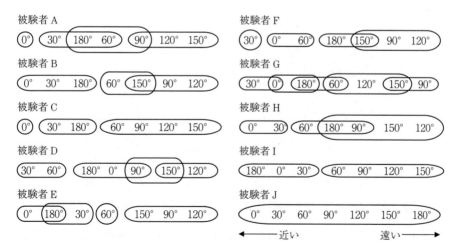

**図7.12** 有意水準1%のヤードスティック値に基づいた被験者ごとの正中面7方向の音像距離のグループ化

0°を含む被験者は7名であった。最も遠いと知覚したグループに120°を含む被験者は8名であった。この結果から，ほとんどの被験者が前方を近く，頭上後方を遠くに知覚しているといえる。ただし，被験者Jはいずれの方向にも有意差はみられなかった。

## 〔3〕 両耳音圧と音像距離の関係

音源方向によって音像距離に差が生じる理由の1つとして**両耳音圧**（binaural summation of sound pressure level, **BSPL**）が考えられる。BSPLは式 (7.1) で定義される[6]。

$$BSPL = 6\log_2(2^{L_1/6} + 2^{L_r/6}) \qquad (7.1)$$

ここで，$L_1$，$L_r$ はそれぞれ左耳および右耳の音圧レベルである。

正面方向のBSPLを0dBとした各方向の相対BSPLの全被験者の平均値を**図7.13**に示す。水平面，正中面のいずれにおいても正面方向のBSPLが大きく，BSPLと音像距離に負の相関関係があることが示唆される。

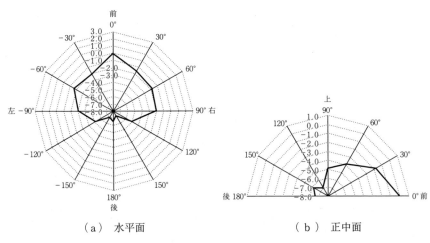

(a) 水平面　　　　　　　　(b) 正中面

**図7.13** 水平面および正中面の音源方向とBSPLの関係（全被験者の平均値）

正中面の被験者ごとの相対BSPLを**図7.14**に示す。いずれの被験者も正面方向のBSPLが大きく，被験者GとJを除く8名の被験者は頭上後方のBSPLが小さくなっている。

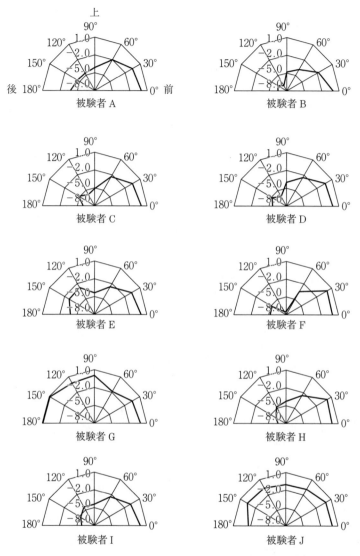

**図7.14** 各被験者の音源の上昇角と相対BSPLの関係

さらに,相対BSPLを独立変数,音像距離を従属変数として単回帰分析を行った結果を**図7.15**に示す.一部の被験者を除きBSPLの増大とともに音像距離が近くなる傾向がみられる.

# 7. 距離知覚と頭部伝達関数

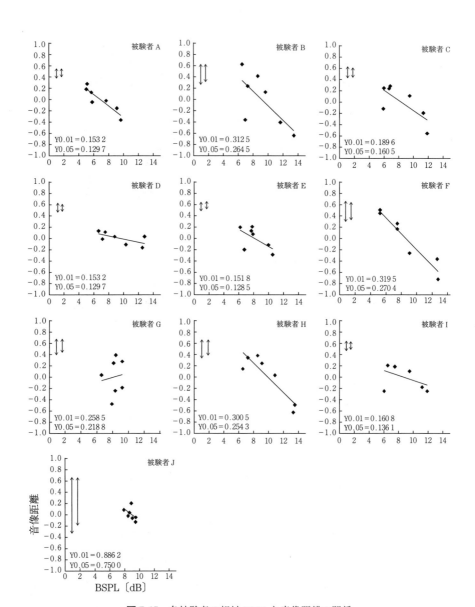

図 7.15 各被験者の相対 BSPL と音像距離の関係

## 〔4〕 入射方向と音像距離の関係のまとめ

以上をまとめると，水平面内でも正中面内でも音の入射方向によって音像距離は異なり，水平面では正面方向の音像距離が近く，後方（150〜210°）は遠い。正中面では正面方向の音像距離が近く，頭上後方（90〜150°）は遠い（図7.16）。

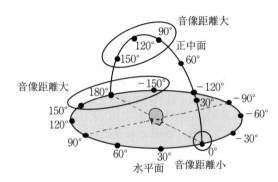

**図7.16** 水平面および正中面における音像距離

3次元音響再生システムを用いると「正面方向の音像距離が他方向に比べて近くに感じられる」ことが知られている。これまで，その原因は信号処理が正確に実現できていないことであると考えられていた。しかし，ここで紹介した実験結果は，正面の音像距離を近くに感じるのは信号処理上の問題だけではなく，ヒトの聴覚特性によるものでもあることを示唆している。

したがって，各方向のBSPLが等しくなるように受聴者に提示することにより等距離音像を生成できる可能性がある（図7.17）。

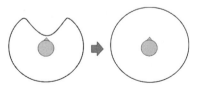

**図7.17** 等出力音圧による音像距離と等BSPLによる音像距離

# 引用・参考文献

1) G. von Bekesy：The moon illusion and similar auditory phenomena, Am. J. Psychol. **62**, pp.540–552（1949）
2) M. B. Gardner：Distance estimation of 0° or apparent 0°-oriented speech signals in anechoic space, J. Acoust. Soc. Am., **45**, pp.47–53（1969）
3) T. Gotoh, Y. Kimura, A. Kurahashi, and A. Yamada：A consideration of distance perception in binaural hearing, J. Acoust. Soc. Jpn.(E), **33**, pp.667–671（1977）
4) 百合野正子，新原寿子，波多腰勇人，山崎大輔，飯田一博：距離知覚に及ぼす入射方位角の影響，日本音響学会講演論文集，pp.1489–1492（2009.3）
5) 山崎大輔，波多腰勇人，飯田一博：正中面内音源の距離知覚に及ぼす入射仰角の影響，日本音響学会講演論文集，pp.537–540（2009.9）
6) D. W. Robinson and L. S. Whittle：The loundness of directional sound field, ACUSTICA, **10**, pp.74–80（1960）

# 8 音声了解度と頭部伝達関数

　頭部伝達関数により両耳間時間差と両耳間レベル差が生じるが，両耳間時間差は両耳間位相差と読み換えることができる。妨害音の存在下においては，目的音の閾値(いき)は目的音と妨害音の両耳間位相差の関係の影響を受ける。つまり，目的音と妨害音の到来方向によって目的音の閾値が変わる。これは音声の了解度の違いとしても現れる。

## 8.1 両耳マスキングレベル差

　ヘッドホンで両耳に目的音（マスキ）と妨害音（マスカ）を提示した場合，両者の両耳間位相差（時間差）の関係により目的音の**マスキング閾値**（masked threshold）——妨害音が存在する状況で目的音が聴こえる限界の音圧レベル——が変化する。言い換えると，目的音が聴こえやすくなったり，聴こえにくくなったりする。妨害音と目的音の双方を単耳に提示した場合（$N_m S_m$）のマスキング閾値を基準として，妨害音と目的音を両耳にそれぞれ位相差をつけて提示した場合のマスキング閾値の変化量を**両耳マスキングレベル差**（binaural masking level difference, **BMLD**）という。また，目的音に音声を用いて，マスキング閾値ではなく音声明瞭度の変化量を表したものを**両耳明瞭度レベル差**（binaural intelligibility level difference, **BILD**）という。BMLD は $N_0 S_\pi$（妨害音の両耳間位相差がゼロ，目的音の両耳間位相差が180°）で 12 〜 15 dB となることが知られている[1]。

　また，妨害音としてピンクノイズを，目的音としてクリック音列を水平面も

しくは正中面に設置したスピーカから提示する実験が行われている[2]。妨害音が正面から提示される条件においては，目的音が正面から提示された場合と比較して側方（側方角±90°）から提示された場合は，マスキング閾値は約15 dB 減少した。一方，目的音が後方（180°）から提示された場合は正面から提示された場合と同等であった。目的音が上方（上昇角 60 〜 150°）から提示された場合は 8 dB 程度減少した。

## 8.2　入射方向が単語了解度に及ぼす影響

頭部伝達関数によって生じる両耳間位相差がマスキング閾値を変化させることから，音声を目的音とする場合は目的音と妨害音の入射方向により音声了解度が変化することが推測される。これを検証するために，以下のような実験を行った。

無響室において，先行音を正面から，単一エコー（遅れ時間 1 s，先行音と等音圧レベル）を右水平面（方位角 0 〜 180°，30° 間隔）もしくは上半球正中面（上昇角 0 〜 180°，30° 間隔）のいずれかから提示した（**図 8.1**）。音源信号は親密度 5.5 〜 7.0 に属する 4 モーラの単語を 1 s の間隔で 4 つつなげた 4 連単語であり（**図 8.2**），第 1 単語と第 4 単語は単独で聴取できるタイミングがあるが，第 2 単語と第 3 単語は必ず別の単語と時間的に重なる。この場合，先行音と単一エコーはいずれも目的音にも妨害音にもなり得る。被験者は 20

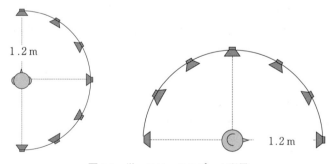

図 8.1　単一エコーのスピーカ配置

8.2 入射方向が単語了解度に及ぼす影響

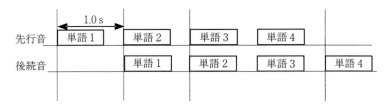

図 8.2 音声刺激の時間構造

歳代の学生 9 名（男性 5 名，女性 4 名）である。

第 1 単語から第 4 単語のすべての単語についての了解度を**図 8.3** に示す。図（a）は単一エコーが水平面から到来する場合であり，図（b）は正中面の場合である。水平面から到来する場合は方位角 90° 付近で了解度は高く，正面や後方では低い。これはマスキング閾値と同様の傾向である。$\chi^2$ 検定の結果，0° と 60° および 0° と 90° の間に統計的有意な差がみられた。一方，単一エコーが正中面から到来する場合は，入射上昇角の影響はほとんどみられない。

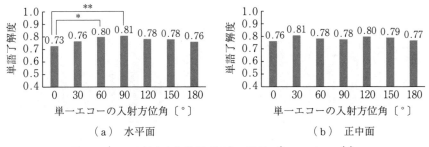

(a) 水平面　　　　　　　　(b) 正中面

図 8.3 単一エコーの入射方向と単語了解度の関係。*: $p<0.05$, **: $p<0.01$

さらに，単語の提示順ごとに了解度を求めた（**図 8.4** および**図 8.5**）。単独で聴取できる第 1 単語と第 4 単語は，水平面，正中面のいずれにおいても了解度が高く，入射方向による差も小さい。

第 2 単語，第 3 単語については，水平面においては正面と比較して側方で了解度が高く，第 2 単語では有意差が認められた。正中面では正面と比較して上方に了解度の高い上昇角がある。しかし，第 2 単語と第 3 単語の間に共通点はみられない。

*142*　　8. 音声了解度と頭部伝達関数

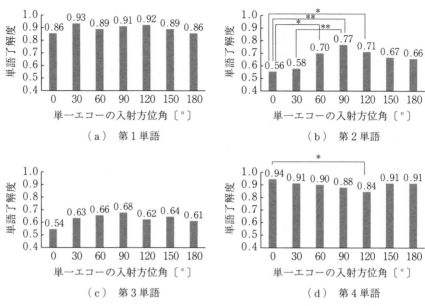

**図 8.4**　単一エコーの入射方位角と提示順の単語了解度の関係。＊: $p<0.05$, ＊＊: $p<0.01$

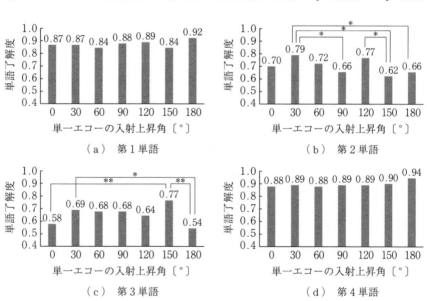

**図 8.5**　単一エコーの入射上昇角と提示順の単語了解度の関係。＊: $p<0.05$, ＊＊: $p<0.01$

以上より，マスキングが発生する条件下では，単語了解度は入射方向の影響を受けるといえる。そして，その影響はマスキング閾値の特性と定性的には一致する。

## 引用・参考文献

1) J. Blauert：Spatial Hearing—The Psychology of Human Sound Localization—, Revised edition, pp.257-271, The MIT Press（1996）
2) K. Saberi, L. Dostal, T. Sadralodabai, V. Bull, and D. R. Perrott：Free-field release from masking, J. Acoust. Soc. Am., **90**, pp.1355-1370（1991）

# 9 頭部伝達関数の測定方法

実際に頭部伝達関数を測定しようとすると，原理の理解に加えてさまざまなノウハウも必要になる。本章では，読者が自力で頭部伝達関数を測定できるようになることを目的として，測定に関する知見をできるだけ具体的に紹介する。

## 9.1 測定システムの構成

頭部伝達関数の測定システム系統の一例を図 9.1 に示す。無響室において，PC から送出したディジタルの測定用信号をオーディオインタフェースでアナログ信号に変換し，アンプで増幅したあと，空間の 1 点に設置されたスピーカから放射する。その信号を被験者の両耳に装着した耳栓型マイクロホンで収音し，マイクアンプで増幅したあと，オーディオインタフェースでディジタル信号に変換して PC に収録する。図 9.2 に上半球正中面の頭部伝達関数の測定の様子を示す。

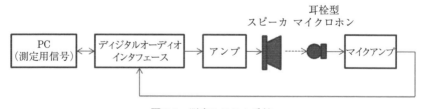

図 9.1　測定システム系統

**図 9.2** 頭部伝達関数の測定風景

以下に,測定システムの各構成要素について詳しく説明する。

## 9.2 測定用信号

頭部インパルス応答を測定するための音源として,M系列信号やswept-sine信号が広く用いられている。特にswept-sine信号は単位パルスと比べて継続時間が長くエネルギーが大きいため,高いSN比でインパルス応答が測定できる。M系列信号も高SN比で測定が可能であるが,測定系の揺らぎに弱いため,気流のある空間での測定には不向きである。

swept-sine信号は,単位パルスのフーリエ変換の位相を周波数の2乗に比例して増加させ(式 (9.1)),これを逆フーリエ変換して作成する。

$$S(k) = \begin{cases} e^{\frac{-j\pi k^2}{N}} & 0 \leq k \leq \frac{N}{2} \\ S^*(N-k) & \frac{N}{2} < k < N \end{cases} \tag{9.1}$$

ここで,$^*$ は共役複素数を表し,$N$ は2のべき乗である。

この信号を被測定系に入力し,得られた出力に式 (9.2) で表される逆swept-sine信号を畳込むことにより,インパルス応答が得られる。

$$S^{-1}(k) = \begin{cases} e^{\frac{j\pi k^2}{N}} & 0 \leq k \leq \frac{N}{2} \\ S^*(N-k) & \frac{N}{2} < k < N \end{cases} \tag{9.2}$$

swept-sine信号および逆swept-sine信号を作成するサンプルプログラム

(Scilab) を図 9.3 および図 9.4 に示す．また，swept-sine 信号および逆 swept-sine 信号の時間波形を図 9.5 および図 9.6 に示す．

```
clear;
n=15;   N=2^n;                // 信号の長さ ;
scale=10000;                  // 最大振幅 ;
flag=1;          //swept-sine 信号 ;

S=zeros(1,N);

for k=0:N/2;
    kk=k+1;
S(kk)=cos(%pi*k*k/N+0.5*%pi*k)-sin(%pi*k*k/N+0.5*%pi*k)*%i*flag;
end

for k=N/2+1:N-1;
    kk=k+1;
    S(kk)=conj(S(N-kk+2));
end

s=ifft(S);
s=s/max(real(s))*scale;

clf
subplot(211);plot2d(s)
xlabel('サンプル');
ylabel('振幅');
square(0,-scale,N,scale)
subplot(212);plot2d(s)
xlabel('サンプル');
ylabel('振幅');
square(N/4-300,-scale,N/4+2000,scale)
```

図 9.3 swept-sine 信号作成プログラム

```
clear;
n=15;   N=2^n;                // 信号の長さ ;
scale=10000;                  // 最大振幅 ;
flag=-1;          // 逆 swept-sine 信号 ;

S=zeros(1,N);

for k=0:N/2;
```

図 9.4 逆 swept-sine 信号作成プログラム

```
     kk=k+1;
S(kk)=cos(%pi*k*k/N+0.5*%pi*k)-sin(%pi*k*k/N+0.5*%pi*k)*%i*flag;
end

for k=N/2+1:N-1;
     kk=k+1;
     S(kk)=conj(S(N-kk+2));
end

s=ifft(S);
s=s/max(real(s))*scale;

clf
subplot(211);plot2d(s)
xlabel('サンプル');
ylabel('振幅');
square(0,-scale,N,scale)
subplot(212);plot2d(s)
xlabel('サンプル');
ylabel('振幅');
square(N/4*3-2000,-scale,N/4*3+200,scale)
```

図9.4 (つづき)

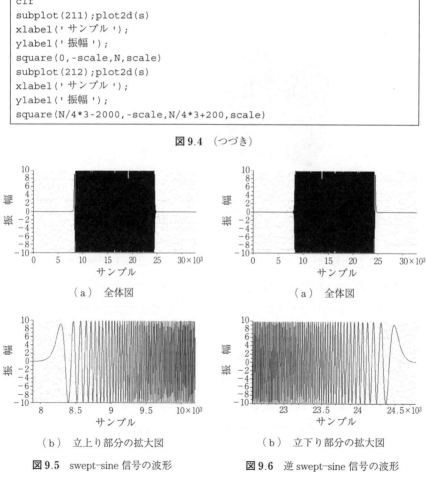

(a) 全体図  (a) 全体図

(b) 立上り部分の拡大図  (b) 立下り部分の拡大図

図9.5 swept-sine信号の波形   図9.6 逆swept-sine信号の波形

## 9.3 スピーカ

スピーカは音響中心が1点であること，位相周波数特性に連続性があることが求められる。したがって，シングルコーンが望ましい。また，キャビネット（エンクロージャ）からの反射音を最小限に抑えるという意味で，できるだけ小型，あるいは断面が円形のキャビネットが適している。筆者は，ユニットとして直径 80 mm の FE83E（Fostex），キャビネットとして SV-70（ダイトーボイス）を使用している（**図 9.7**）。

図 9.7　SV-70 に収めた FE83E

## 9.4 マイクロホン

外耳道入口で収音するため小型のマイクロホンユニットを使用する。筆者は直径 5 mm の WM64AT102（Panasonic）を長く使ってきたが生産中止になったようである。ほかのマイクロホンユニットとしては FG3329（Knowles）などがある。また，プローブマイクロホン（4182（B&K），ER-7C（Etymotic Research））を使うことも考えられるが，この場合は，外耳道入口の設置位置の再現性に細心の注意を払う必要がある。

**図 9.8**（a）に WM64AT102 を用いて作成した耳栓型マイクロホンを，図（b）にその装着状態を示す。耳栓型マイクロホンの作成方法は付録 A.7 に詳しく記述したので参考にしてほしい。

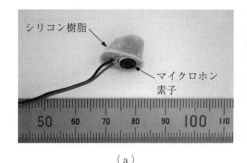
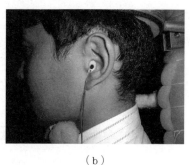

(a) (b)

**図9.8** 耳栓型マイクロホン（a）とその装着状態（b）

## 9.5 被 験 者

　被験者に関連する注意事項をいくつか紹介する。まず，測定中の被験者の姿勢の維持に注意が必要である。被験者は疲れてくると視線が下がり，うつむいてしまう傾向がある。そうすると，音源の上昇角が設定よりも大きくなる（うしろ寄りになる）。つねに正面を向いているように，被験者に注意を喚起する必要がある。測定時に注視する点にシールなどを貼っておけば，頭の向きを一定に保つのに役立つ。

　被験者の髪形の変化が頭部伝達関数に与える影響についても懸念がある。球で近似した頭部モデルに毛髪を加えることによる3 kHzまでの頭部伝達関数の変化が報告されている[1]。これによると，両耳間時間差は側方において20〜25 μs増加する。しかし，これは側方の両耳間時間差の弁別閾（72 μs）よりも小さいので方向感には影響しないと考えられる。また，両耳間レベル差は，側方において3 kHzで約4 dB増加し，弁別閾（1 dB）を超える。しかし，ほとんどの音源方向と周波数においては，両耳間レベル差の変化は弁別閾以下である。

　KEMARダミーヘッドを用いた実測では，毛髪により10 kHz付近のノッチがやや浅くなるが，それより低い周波数ではほとんど影響はないと報告されて

いる[2]）．したがって，毛髪によりスペクトルレベルは多少変化するが，ノッチ周波数には影響を及ぼさない．

以上より，毛髪の増減によって頭部伝達関数には多少の物理的変化が生じるが，それは方向知覚には影響を及ぼさない程度であると考えられる．

## 9.6 頭部伝達関数の算出方法

1章で述べたように頭部伝達関数は式（9.3）で求められる．

$$H_{l,r}(s,\alpha,\beta,r,\omega) = \frac{\mathcal{F}[g_{l,r}(s,\alpha,\beta,r,t)]}{\mathcal{F}[f(\alpha,\beta,r,t)]} \tag{9.3}$$

ここで，$g_{l,r}$ は自由音場における音源から受聴者の外耳道入口もしくは鼓膜までのインパルス応答，$f$ は自由音場における受聴者がいない状態での音源から受聴者の頭部中心に相当する位置までのインパルス応答，$\mathcal{F}$ はフーリエ変換である．

外耳道入口に装着した耳栓型マイクロホンで収録した swept-sine 信号に逆 swept-sine 信号を畳込むことで式（9.3）の分子の $g_{l,r}(s,\alpha,\beta,r,t)$ が求まる．

同様に，被験者がいない状態で被験者の頭部中心に相当する位置に耳栓型マイクロホンを設置して swept-sine 信号を収録し，逆 swept-sine 信号を畳込むことで式（9.3）の分母の $f(\alpha,\beta,r,t)$ が求まる．これは測定系そのもののインパルス応答である．

$g_{l,r}(s,\alpha,\beta,r,t)$ と $f(\alpha,\beta,r,t)$ をそれぞれフーリエ変換し，複素除算をすれば頭部伝達関数が求まる．しかし，ここで注意が必要である．無響室で測定しても，インパルス応答を長くとるとノイズ成分の相対エネルギーが増大する．頭部インパルス応答は数 ms で収束するので，その部分だけを時間窓で切り出すのが賢明である．筆者は，以下のように切り出して頭部伝達関数を求めている．

① 正面方向の $g_{l,r}(s,0,0,r,t)$ のインパルス応答が振幅の絶対値をとるサンプル番号を求める．

② そのサンプルから50サンプル前のサンプル番号をすべての方向の$g_{l,r}(s, \alpha, \beta, r, t)$と$f(\alpha, \beta, r, t)$の時間窓の始点とする。50サンプルさかのぼることで，最も早く耳の到達する方向（側方）でも応答の最初の部分から切り出せる（ここでは48 kHzサンプリングを前提としている）。

③ そのサンプルから128サンプル以降で最初にゼロクロスするサンプルを時間窓の終点とする。始点も終点も振幅はゼロに近いので，矩形窓を用いる。

④ 時間窓で切り出した$g_{l,r}(s, \alpha, \beta, r, t)$と$f(\alpha, \beta, r, t)$それぞれのうしろにゼロ詰めをして512サンプルとする。

⑤ 512サンプルのFFTを行い，複素除算により頭部伝達関数を求める。この場合の周波数分解能は93.75 Hzである。

## 9.7 短時間測定法

9.2節で述べた測定信号の開発などにより，ある方向の頭部伝達関数を高SN比かつ短時間に測定することは可能になったが，多数の方向の頭部伝達関数を測定するには，依然として長い時間を要する。総測定時間を短縮するために，被験者を等速で回転させながら測定する連続測定法[3]などが開発されている。

また，**相反則**（reciprocity）を利用した頭部伝達関数の高速測定法も検討されている。相反則とは，音場の点Aにある音源により点Bに発生する音圧は，音源を点Bに置いたときに点Aに発生する音圧と等しいというものである[4]。

これを利用すると，小型スピーカ（**図9.9**（a））を外耳道入口に挿入し（図（b）），多数の方向にマイクロホンを設置して，同時に多方向の頭部伝達関数を測定できる。KEMARダミーヘッドを用いて頭部伝達関数を測定した結果，従来の測定法とまったく同一ではないが，スペクトル形状の類似した頭部伝達関数が測定できることが報告されている[5]。しかし，実用化にはSN比の改善など解決すべき問題が残されており，検討が進められている[6]。

図9.9　小型スピーカ（a）とその外耳道入口への装着状態（b）[5]

# 引用・参考文献

1) B. E. Treeby, J. Pan, and R. M. Paurobally：The effect of hair on auditory localization cues, J. Acoust. Soc. Am., **122**, pp.3586–3597（2007）
2) M. D. Burkhard and R. M. Sachs：Anthropometric manikin for acoustic researchs, J. Acoust. Soc. Am., **58**, pp.214–222（1975）
3) 福留公利，竹之内和樹，田代勇輔，立石義文：仰角制御アームとサーボ回転椅子を用いた連続測定法によ短時間 HRIR 計測，信学技報，EA2005-75（2005）
4) 日本音響学会編，新版音響用語辞典，p.68，コロナ社（2003）
5) D. N. Zotkin, R. Duraiswami, E. Grassi, and N. A. Gumerov：Fast head-related transfer function measurement via reciprocity, J. Acoust. Soc. Am., **120**, pp.2202–2215（2006）
6) 今井悠貴，森川大輔，平原達也：相反法による頭部伝達関数計測に用いる超小型動電型スピーカユニットの音響特性，日本音響学会誌，**68**，pp.513–519（2012）

# 10 頭部伝達関数の信号処理

頭部伝達関数を分析したり，3次元音響システムに応用したりするには，さまざまな信号処理が必要となる。本章ではおもな信号処理方法を紹介する。

## 10.1　両耳間時間差とレベル差の算出方法

頭部インパルス応答から両耳間時間差を算出する方法の一例を以下に示す[1]。

**手順1）**　頭部インパルス応答（512サンプル）に1.6 kHzをカットオフ周波数とする最小位相系低域通過フィルタをかける。これは，2.3.1項で述べたように，両耳入力信号の波形そのものの時間差が左右方向の知覚の手掛かりとなるのは約1 600 Hz以下の成分に限られるからである。

**手順2）**　両耳間時間差の時間分解能を向上させるために，サンプリング周波数を8倍（48 kHz×8＝384 kHz）程度まで引き上げる。これにより時間分解能は約2.6 μs，角度分解能は約0.3°となる。

**手順3）**　両耳間相互相関関数 $\Phi$（式10.1）が最大となる時間差 $\tau$ を両耳間時間差とする。

$$\Phi_{l,r}(\tau) = \lim_{T\to\infty} \frac{\int_{-T}^{T} HRIR_l(t) \times HRIR_r(t-\tau)dt}{\sqrt{\int_{-T}^{T} HRIR_l^2(t) \times HRIR_r^2(t)}} \qquad (10.1)$$

ここで，$|\tau| \leq 1\,000$ μsとする。添え字のl，rは左耳，右耳を表す。

また，各帯域の両耳間レベル差は以下のように算出する。

**手順1）**　頭部インパルス応答（512サンプル）に1/3オクターブもしく

は1/1オクターブバンド通過フィルタをかける。

**手順2）** 各帯域の頭部伝達関数インパルス応答の実効値を求め，左右のレベル差を算出する。

もしくは

**手順1）** 頭部インパルス応答（512サンプル）にゼロ詰めをして48 000サンプルにする。これにより周波数分解能は1 Hzとなる。

**手順2）** FFTを行い，各帯域のバンドレベルを求め，左右のレベル差を算出する。

## 10.2 スペクトラルキューの抽出方法

頭部インパルス応答から頭部伝達関数の振幅スペクトルを求め，スペクトラルキューを抽出する方法を以下に示す[2]。

**手順1）** 頭部インパルス応答（512サンプル）の振幅の絶対値の最大値を検出する。

**手順2）** 頭部インパルス応答を4次96ポイントのブラックマン–ハリス窓で切り取る（**図10.1**，ここで$N=48$）。ただし，手順1）で検出した最大サンプルを時間窓の中心に合わせる。

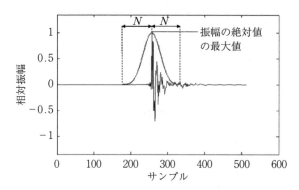

**図10.1** 頭部インパルス応答と4次96ポイントのブラックマン–ハリス窓

## 10.2 スペクトラルキューの抽出方法

**手順3）** すべての値を0とした512サンプルの配列を用意し，手順2）で切り出した頭部インパルス応答を上書きする。ただし，時間窓の中心を257サンプル目に合わせる。

**手順4）** FFTにより512サンプルの振幅スペクトルを求める。

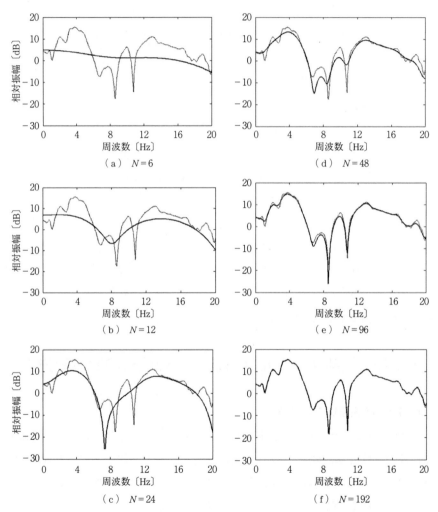

**図10.2** 頭部インパルス応答の振幅スペクトル。実線：$2N$サンプルのブラックマン－ハリス窓で切り取ったスペクトル。点線：$N=256$サンプルのスペクトル[3]

**手順5）** 差分法により極大値および極小値を検出する。3 kHz 以上の帯域で周波数の低い極大値から P1，P2，…とし，P1 より高い帯域で周波数の低い極小値から N1，N2，…とする。

ここで，96 ポイントの時間窓を用いたのは，ノッチやピークの成因となる耳介の応答を抽出したいためである。時間窓長をパラメータとして，正面方向の頭部インパルス応答をスペクトル分析した結果を**図 10.2** に示す[3]。実線は切り出した頭部インパルス応答のスペクトル，点線はこれまで一般的に頭部インパルス応答として切り出していた $N=256$ の振幅スペクトルである。

$N=6$ では振幅スペクトルは平坦で耳介や頭部の影響は現れていない。$N=12$ ではノッチが1つ出現している。ただし，この時点ではノッチの周波数は N1 にも N2 にも相当しない。$N=24$（0.5 ms）では深いノッチに成長し，周波数もほぼ N1 のそれと一致している。$N=48$（1 ms）では N1，N2，N3 が現れている。$N=256$ と比較すると，微細なスペクトル変動がほとんどなく，N1，N2，N3 が明確である。これは，この時点では頭部や胴体からの応答が届いておらず，耳介の応答だけを観察できているためであると考えられる。$N=96$（2 ms），$N=192$（4 ms）ではスペクトルは $N=256$ とほぼ一致する。

このように $N=48$ で切り出すと，耳介で生じるノッチとピークが明確に現れて容易に抽出することができる。

## 10.3 頭部インパルス応答と音源信号の畳込み方法

### 10.3.1 時間領域での処理

3次元音響システムにより，任意の音源信号に対してその空間特性を制御するには，音源信号と頭部インパルス応答もしくは両耳空間インパルス応答（付録 A.2 参照）の畳込み演算を行う必要がある。また，多くのアプリケーションでは，これを実時間で処理する必要がある。

いま，ある系のインパルス応答を $h(t)$ とすると，この系に任意の信号 $x(t)$ を入力したときの出力信号 $y(t)$ は以下のように**畳込み積分**（convolution）で

## 10.3 頭部インパルス応答と音源信号の畳込み方法

表される。

$$y(t) = x(t) * h(t) = \int_{-\infty}^{\infty} x(\tau) h(t-\tau) d\tau \tag{10.2}$$

この式は，ある時間 $t$ における出力信号 $y(t)$ は，時間 $\tau$ における入力信号 $x(\tau)$ と，$\tau$ から起算した時間 $(t-\tau)$ におけるインパルス応答との積 $x(\tau)h(t-\tau)$ をすべての $\tau$ について加算したものであることを意味している。

**図 10.3**（a）にインパルス応答 $h(t)$ の例を示す。ここで $h(t)$ は時間の経過により指数減衰する応答とする。図（b）は入力信号の例であり，ここでは簡単に，$t=\tau_0, \tau_1, \tau_2$ だけに入力があるとする。図（c）に3つの離散的な入力信号とインパルス応答を畳込んだ結果を示す。最初の指数減衰曲線は，$t=\tau_0$ における入力信号 $x(\tau_0)$ に対する応答 $x(\tau_0)h(t-\tau_0)$ を時間 $t$ の関数で表したものである。同様に，2つ目および3つ目の指数減衰曲線は，それぞれ $t=\tau_1$ および $t=\tau_2$ における入力信号 $x(\tau_1)$ および $x(\tau_2)$ に対する応答 $x(\tau_1)h(t-\tau_1)$ および $x(\tau_2)h(t-\tau_2)$ を時間 $t$ の関数で表したものである。最終的な出力信号 $y$

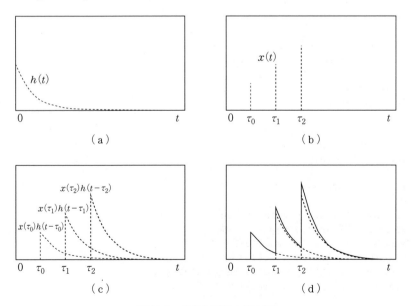

**図 10.3** 畳込み積分の概念図

$(t)$ は，図（d）に示すように $x(\tau_0)h(t-\tau_0)$, $x(\tau_1)h(t-\tau_1)$ および $x(\tau_2)h(t-\tau_2)$ の和で表される。

このように，インパルス応答 $h(t)$ の系に信号 $x(t)$ を入力したときの出力信号 $y(t)$ は，時間 $t$ に到達するすべての $x(\tau)h(t-\tau)$ の和で表される。

畳込み積分のサンプルプログラム（Scilab）を図 10.4 に，その結果として出力した時間応答を図 10.5 に示す。図（a）は音楽信号の時間波形である。図（b）は，ある室内音場における音源から受聴点へのインパルス応答で，音源からインパルスが放射された時間を $t=0$ とすると，約 30 ms 後に直接音が到達している。その後，多数の反射音が到来し，約 1 s で応答は収束している。

```
clear
stacksize('max');
fs = 48000;     //サンプリング周波数
T = 1/fs;       //サンプリング周期

// ----- 音源読み込み (1 ch) -----//
x = wavread('music.wav');
len_x = length(x);

// ----- インパルス応答読み込み ----- //
fid=mopen('ImpulseResponse.bin','rb');
h = mget(fs*10,'f',fid);
mclose(fid)
len_h = length(h);

// ----- 畳込み処理 ----- //
y = convol(x,h);
len_y = length(y);

// ----- 図示 ----- //
clf
subplot (3,1,1); plot2d([0:len_x-1]*T,x)
xlabel('時間(s)'); ylabel('振幅');
subplot (3,1,2); plot2d([0:len_h-1]*T,h);
xlabel('時間(s)'); ylabel('振幅');
subplot (3,1,3); plot2d([0:len_y-1]*T,y);
xlabel('時間(s)'); ylabel('振幅');
```

図 10.4 畳込み積分のプログラム

## 10.3 頭部インパルス応答と音源信号の畳込み方法

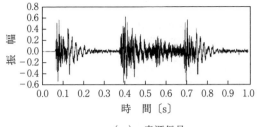

（a） 音源信号

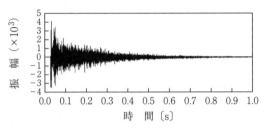

（b） インパルス応答

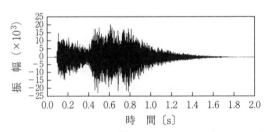

（c） 畳込み積分結果

図 10.5 畳込み積分により得られた時間応答

この室内音場でこの音楽信号を放射したとき，受聴点者耳に到達する信号は図（c）のようになる。

また，音源信号と音源から受聴者の両耳へのインパルス応答との畳込み積分のサンプルプログラムとその出力結果を**図 10.6** と**図 10.7** に示す。

```
clear
fs = 48000;     // サンプリング周波数
T = 1/fs        // サンプリング周期

// ----- 音源読み込み (1ch) -----//
x = wavread('music.wav');
len_x = length(x);

// ----- インパルス応答読み込み (2ch) ----- //
fid1=mopen('ImpulseResponseL.bin','rb');
fid2=mopen('ImpulseResponseR.bin','rb');
hL = mget(fs*10,'f',fid1);
hR = mget(fs*10,'f',fid2);
mclose(fid1)
mclose(fid2)
len_hL = length(hL);
len_hR = length(hR);

// ----- 畳込み処理 ----- //
yL = convol(x,hL);
yR = convol(x,hR);
len_yL = length(yL);
len_yR = length(yR);

// ----- 図示 ----- //
clf
subplot (311); plot2d([0:len_x-1]*T,x);
xlabel('時間 (s)'); ylabel('振幅');
square(0,-1,len_x*T,1);
subplot (323); plot2d([0:len_hL-1]*T,hL);
xlabel('時間 (s)'); ylabel('振幅');
square(0,-10000,len_hL*T,10000);
subplot (324); plot2d([0:len_hR-1]*T,hR);
xlabel('時間 (s)'); ylabel('振幅');
square(0,-10000,len_hR*T,10000);
subplot (325); plot2d([0:len_yL-1]*T,yL);
xlabel('時間 (s)'); ylabel('振幅');
square(0,-50000,len_yL*T,50000);
subplot (326); plot2d([0:len_yR-1]*T,yR);
xlabel('時間 (s)'); ylabel('振幅');
square(0,-50000,len_yR*T,50000);
```

図 10.6　両耳入力信号の畳込み積分のプログラム

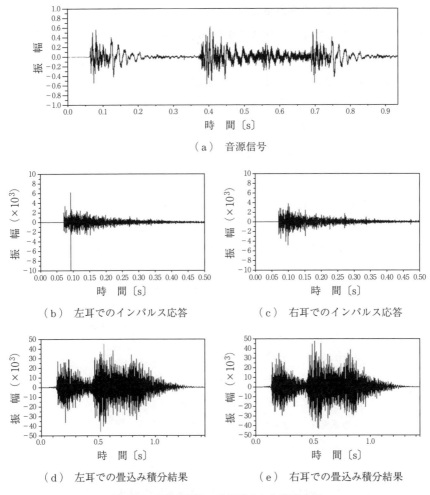

図 10.7 畳込み積分の結果得られた時間応答

## 10.3.2 周波数領域での処理

### 〔1〕 FFTによる方法

音源信号 $x(t)$ の長さを $M$，インパルス応答 $h(t)$ の長さを $N$ とすると，式 (10.2) による畳込み積分は $M\times N$〔回〕の積和演算が必要となる。一般の室内の両耳インパルス応答（付録 A.2 参照）はたかだか 2〜3 秒程度で収束するが，音源信号は数分から数十分続くものもある。これらの畳込み演算を式

(10.2) で行うと多大な演算量となり，実用からはほど遠い．例えば，サンプリング周波数が 48 kHz で，音源信号が 60 分の楽曲，インパルス応答が約 2.6 秒（$2^{17}$ サンプル）であるとすると

$$M \times N = 48\,000 \times 60 \times 60 \times 2^{17} \cong 2.26 \times 10^{13} \text{ 回} \tag{10.3}$$

の乗算と加算が必要となる．

時間軸上での畳込み積分は，周波数軸上では音源信号とインパルス応答の複素スペクトルの乗算となる．つまり

$$Y(\omega) = X(\omega) \times H(\omega) \tag{10.4}$$

ただし，$X(\omega) = \mathcal{F}[x(t)]$，$H(\omega) = \mathcal{F}[h(t)]$ である．

いま，$L$ は 2 のべき乗で，かつ $L > M + N$ とすると以下のような手順で周波数軸上での畳込み積分ができる（**図 10.8**）．

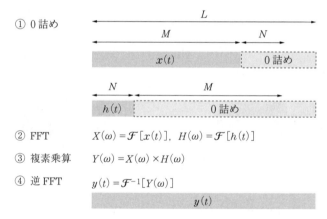

図 10.8　周波数軸上での畳込み積分の概念

① $x(t)$ および $h(t)$ の応答の後ろに 0 を詰め，それぞれの長さを $L$ にする．
② それぞれを FFT して周波数軸データ $X(\omega)$ および $H(\omega)$ を得る．
③ 式 (10.4) より周波数ごとに複素乗算を行い，データ長 $L$ の $Y(\omega)$ を得る．
④ $Y(\omega)$ を逆 FFT してデータ長 $L$ の $y(t)$ を得る．

ここで，先の例を用いて演算量を計算してみる．FFT および逆 FFT の演算

量はそれぞれ乗算が $(L/2)\log_2 L$〔回〕，加算が $L\log_2 L$〔回〕である（付録A.5参照）。また，複素乗算の演算量を乗算4回と加算2回とする。さらに，$M+N = 48\,000 \times 60 \times 60 + 2^{17}$ であり，これを超える最小の2のべき乗 $L$ は $2^{28}$ であるから，周波数軸上での畳込み演算に必要な乗算回数は

$$\left(\frac{L}{2}\log_2 L\right) + \left(\frac{L}{2}\log_2 L\right) + 4L + \left(\frac{L}{2}\log_2 L\right)$$
$$= L\left\{\frac{3}{2}(\log_2 L) + 4\right\} = 2^{28} \times 46 \simeq 1.23 \times 10^{10} \tag{10.5}$$

となり，加算回数は

$$L\log_2 L + L\log_2 L + 2L + L\log_2 L$$
$$= L\{3(\log_2 L) + 2\} = 2^{28} \times 86 \simeq 2.31 \times 10^{10} \tag{10.6}$$

となる。

時間軸上での演算量（乗算，加算とも $2.26 \times 10^{13}$ 回必要）と比較すると，顕著に少ないことがわかる。

〔2〕 **オーバラップ加算法**

しかし，音源信号 $x(t)$ が長い場合，図10.8に示すインパルス応答のFFTにおける $(L-M)$ 個の0詰めは，もとの $N$ 個と比較して非常に多く，処理が非効率的である。そこで，音源信号をインパルス応答 $h(t)$ の長さ $N$ で分割してFFTすることを考える（**図10.9**）。これをオーバラップ加算法（overlap-add method）と呼ぶ。$N$ が2のべき乗であるとすると以下のような処理で畳込み積分ができる。

① 音源信号をインパルス応答 $h(t)$ の長さ $N$ で分割する。
② 音源信号の最初の区間とインパルス応答に対して $N$ 個の0詰めを行い，それぞれの長さを $2N$ にする。
③ これらに対して，FFT，複素乗算，および逆FFTを施してデータ長 $2N$ の畳込み結果を得る。
④ 音源信号のすべての区間に対して②と③の処理を行い，これらを $N$ サンプルずつずらして加算する。

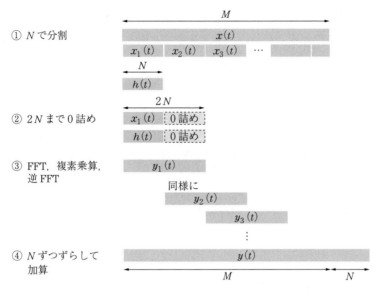

**図10.9** オーバラップ加算法による畳込み積分の概念

先の例を用いて演算量を計算してみる。$L = 2N = 2^{18}$ であるから，最初の区間の畳込み演算に必要な乗算回数は式 (10.5) より

$$L\left\{\frac{3}{2}(\log_2 L) + 4\right\} = 2^{18} \times 31 \cong 8.13 \times 10^6 \tag{10.7}$$

となり，加算回数は式 (10.6) より

$$L\{3(\log_2 L) + 2\} = 2^{18} \times 56 \cong 1.47 \times 10^7 \tag{10.8}$$

となる。

2つ目以降の区間については，インパルス応答の FFT は不要であるので，それぞれの区間で必要な乗算回数は

$$L\{(\log_2 L) + 4\} = 2^{18} \times 22 \cong 5.77 \times 10^6 \tag{10.9}$$

となり，加算回数は，$N$ サンプルずつずらした加算も含めると

$$L\{2(\log_2 L) + 2\} + 2^{17} = 2^{18} \times (2 \times 18 + 2) + 2^{17} \cong 1.01 \times 10^7 \tag{10.10}$$

となる。

したがって，$N$ サンプル分の時間（この例では 2.6 秒）にこれだけの乗算お

よび加算が可能であれば，言い換えると，1サンプリング周期（この例では1/48 000秒）に45回の乗算と78回の加算が可能であれば，実時間で畳込み積分ができる．

また，すべての区間の処理に必要な乗算および加算回数は，2つ目以降の区間の数が

$$\frac{48\,000 \times 60 \times 60}{2^{17}} - 1 \cong 1\,317 \tag{10.11}$$

であるから，

$$8.13 \times 10^6 + 5.77 \times 10^6 \times 1\,317 \cong 7.61 \times 10^9 \tag{10.12}$$

$$1.47 \times 10^7 + 1.01 \times 10^7 \times 1\,317 \cong 1.33 \times 10^{10} \tag{10.13}$$

となる．

通常のFFTに対するオーバラップ加算法の演算量の比は，今回の例では，乗算では $7.61 \times 10^9 / 1.23 \times 10^{10} \cong 0.62$，加算では $1.33 \times 10^{10} / 2.31 \times 10^{10} \cong 0.58$ である．

# 引用・参考文献

1) 石井要次, 木崎尚也, 吉田恵里, 飯田一博：受聴者の頭部形状による両耳間時間差の推定——重回帰モデルの再検討——, 日本音響学会講演論文集, pp.877-880（2016.3）
2) K. Iida, Y. Ishii, and S. Nishioka：Personalization of head-related transfer functions in the median plane based on the anthropometry of the listener's pinnae, J Acoust. Soc. Am., **136**, pp.317-333（2014）
3) 飯田一博, 蒲生直和, 石井要次：頭部伝達関数の第1・第2ノッチの検出方法に関する一考察, 日本音響学会講演論文集, pp.473-476（2010.9）

# 頭部伝達関数データベースの比較

国内外のいくつかの研究機関が頭部伝達関数のデータベースを公開している。本章ではそれらを紹介し，代表的なデータベースを比較する。

## 11.1 おもな頭部伝達関数データベース

表11.1の7つの研究機関が頭部伝達関数のデータベースを公開している。

表11.1 頭部伝達関数データベースの公開サイト

| 研究機関 | 国 | URL |
| --- | --- | --- |
| ARI | オーストリア | https://www.kfs.oeaw.ac.at/index.php?lang=en |
| IRCAM | フランス | http://recherche.ircam.fr/equipes/salles/listen/ |
| CIPIC | アメリカ | http://interface.cipic.ucdavis.edu/sound/hrtf.html |
| MIT | アメリカ | http://sound.media.mit.edu/resources/KEMAR.html |
| 千葉工業大学 | 日本 | http://www.iida-lab.it-chiba.ac.jp/HRTF/ |
| 東北大学 | 日本 | http://www.ais.riec.tohoku.ac.jp/lab/db-hrtf/index-j.html |
| 名古屋大学 | 日本 | http://www.sp.m.is.nagoya-u.ac.jp/HRTF/index-j.html |

(2016年12月現在)

ここでは以下の5つのデータベースを取り上げて比較検討する。

1) ARI (Acoustics Research Institute)，オーストリア
2) CIPIC (Center for Image Processing and Integrated Computing Interface Laboratory)，アメリカ
3) CIT (Chiba Institute of Technology)，千葉工業大学
4) IRCAM (Listen project by IRCAM)，フランス

5) RIEC (Research Institute of Electrical Communication), 東北大学

これらのデータベースの概要を**表 11.2**に示す．いずれの研究機関も外耳道閉塞状態の頭部伝達関数を測定している．被験者数は最小で 45 名 (CIPIC)，最大で 105 名 (RIEC) である．IRCAM を除くほかの 4 研究機関では，上昇角方向に複数のスピーカを並べたアレイを設置し，水平方向に被験者もしくはアレイを回転させることで 3 次元方向の頭部インパルス応答を測定している．IRCAM では 1 つのスピーカを上昇角方向に回転させ，さらに被験者を水平方向に回転させることで 3 次元方向の頭部インパルス応答を測定している．頭部インパルス応答のサンプル長には大きな違いがあり，CIPIC では 200 サンプルであるが IRCAM では 8 192 サンプルである．測定方向の数については，CIT が 7 〜 148，CIPIC が 1 250，ARI が 1 550，IRCAM が 187，RIEC が 865 である．以降，正面方向の頭部伝達関数に焦点を絞って議論を進める．

表 11.2 頭部伝達関数データベースの概要

|  | ARI | CIPIC | CIT | IRCAM | RIEC |
|---|---|---|---|---|---|
| 被験者数 | 82 | 45 | 61 | 50 | 105 |
| 測定用信号 | ML sequence | MESM | swept-sine | OATSP | log sweep |
| データ長 | 256 | 200 | 512 | 8 192 | 512 |
| サンプリング周波数〔Hz〕 | 48 000 | 44 100 | 48 000 | 44 100 | 48 000 |
| 測定方向数 | 1 550 | 1 250 | 7 〜 148 | 187 | 865 |
| マイクロホン モデル | KE-4-211-2 | ER-7C | WM64AT102 | FG3329 | FG3329 |
| メーカ | Sennhiser | Etymtic | Panasonic | Knowles | Knowles |
| スピーカ モデル | 10 BGS | Acoustimass$^{TM}$ | FE83E | system600 | FE83E |
| メーカ | VIFA | Bose | Fostex | TANNOY | Fostex |
| 個数 | 22 | 5 | 7 | 1 | 35 |
| データフォーマット | mat | mat | bin | mat | SOFA |

## 11.2 スペクトラルキューの比較

データベース間で N1，N2，P1 周波数を比較する．10.2 節で述べた方法に

## 11. 頭部伝達関数データベースの比較

より，5つのデータベースの正面方向の頭部インパルス応答から N1，N2，P1 周波数を算出した[1),2)]。図 11.1 にそのヒストグラムを示す。各データベースのヒストグラムはおおむね正規分布している。ARI のヒストグラムのピークはほかに比べて高い周波数にある。

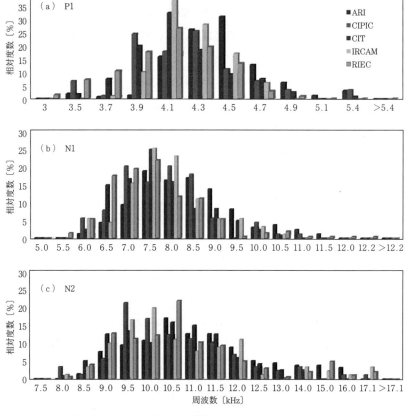

図 11.1　5つの頭部伝達関数データベースの正面方向の
N1，N2，P1 周波数のヒストグラム

表 11.3 に各データベースの正面方向の N1，N2，P1 周波数の平均値，最小値，最大値をそれぞれ示す。平均値をデータベース間で比較すると，P1 周波数は RIEC が最も低く（3 969 Hz），ARI が最も高い（4 333 Hz）。N1 周波数で

## 11.2 スペクトラルキューの比較

表 11.3 五つの頭部伝達関数データベースの N1, N2, P1 周波数の平均値，最小値，最大値〔Hz〕

|    |      | ARI    | CIPIC  | CIT    | IRCAM  | RIEC   |
|----|------|--------|--------|--------|--------|--------|
| P1 | 平均 | 4 333  | 4 095  | 4 059  | 4 131  | 3 969  |
|    | 最小 | 3 281  | 3 187  | 3 469  | 3 618  | 2 438  |
|    | 最大 | 5 250  | 5 340  | 5 250  | 4 651  | 4 875  |
| N1 | 平均 | 8 101  | 7 545  | 7 481  | 7 585  | 7 301  |
|    | 最小 | 6 000  | 5 771  | 5 531  | 5 685  | 5 063  |
|    | 最大 | 11 250 | 10 939 | 10 031 | 10 164 | 12 188 |
| N2 | 平均 | 10 959 | 10 384 | 10 287 | 10 519 | 10 549 |
|    | 最小 | 8 063  | 7 494  | 7 781  | 7 752  | 7 688  |
|    | 最大 | 15 938 | 16 107 | 13 500 | 16 882 | 17 063 |

も RIEC が最も低く（7 301 Hz），ARI が最も高い（8 101 Hz）。N2 周波数の平均値では CIT が最も低く（10 287 Hz），ARI が最も高い（10 959 Hz）。日本のデータベースの P1, N1, N2 周波数は低く，ARI はほかの 4 つのデータベースに比べて高い。

データベース間でこれらの平均値に統計的有意差があるか否かを $t$ 検定によって検証した結果を**表 11.4**～**表 11.6**にそれぞれ示す。ARI は P1, N1, N2

表 11.4　P1 周波数の $t$ 検定の結果

|        | ARI | CIPIC | CIT | IRCAM | RIEC |
|--------|-----|-------|-----|-------|------|
| CIPIC  | **  | —     |     |       |      |
| CIT    | **  |       | —   |       |      |
| LISTEN | **  |       | *   | —     |      |
| RIEC   | **  | **    | *   | **    | —    |

\*\*: $p<0.01$　　\*: $p<0.05$

表 11.5　N1 周波数の $t$ 検定の結果

|        | ARI | CIPIC | CIT | IRCAM | RIEC |
|--------|-----|-------|-----|-------|------|
| CIPIC  | **  | —     |     |       |      |
| CIT    | **  |       | —   |       |      |
| LISTEN | **  |       |     | —     |      |
| RIEC   | **  |       |     | *     | —    |

\*\*: $p<0.01$　　\*: $p<0.05$

**表 11.6** N2 周波数の $t$ 検定の結果

|        | ARI | CIPIC | CIT | IRCAM | RIEC |
|--------|-----|-------|-----|-------|------|
| CIPIC  | **  | —     |     |       |      |
| CIT    | **  |       | —   |       |      |
| LISTEN | **  |       |     | —     |      |
| RIEC   | **  |       |     |       | —    |

\*\*: $p<0.01$  \*: $p<0.05$

のいずれにおいても，ほかの 4 つのデータベースと比較して統計的有意（$p<0.01$）に高い．また，P1 周波数では，RIEC はほかの 4 つのデータベースと比較して統計的有意（$p<0.05$）に低い．

## 11.3　耳介形状の比較

3 章で述べたように，P1，N1，N2 は耳介の複数の窪みの共鳴によって生じることから，上記のデータベース間の P1，N1，N2 周波数の差異は耳介寸法の違いに関連していると考えられる．

P1，N1，N2 周波数を分析した 5 つの頭部伝達関数データベースのうち，ARI，CIPIC，CIT については被験者の詳細な耳介寸法データが公開されている．被験者数は ARI，CIPIC，CIT それぞれ 40 名（80 耳），37 名（74 耳），28 名（56 耳）である．

**図 11.2** に耳介各部位のヒストグラムを，**表 11.7** に耳介各部位の統計値を示す．耳介寸法の平均値をみると，CIT は $x_7$ を除き ARI および CIPIC と比べて大きい．**表 11.8** に各耳介寸法のデータベース間の $t$ 検定の結果を示す．ほぼすべての組合せで統計的有意差（$p<0.05$）が認められた．つまり，データベース間で耳介寸法に違いがある．

前節で ARI の P1，N1，N2 周波数がほかの 4 つのデータベースと比べて高かった理由について考える．P1，N1，N2 は耳介における共鳴現象によって生成されることから，ARI の耳介寸法はほかのデータベースと比べて小さいと推測することができる．ARI の耳介寸法の平均値がほかのデータベースよりも統

## 11.3 耳介形状の比較

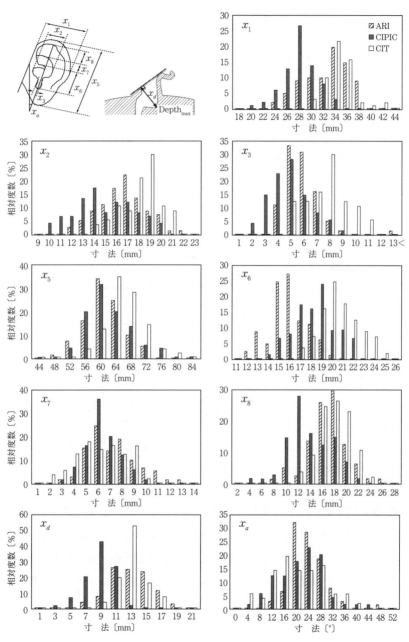

図 11.2 耳介寸法データベースの各部位のヒストグラム

## 11. 頭部伝達関数データベースの比較

表11.7 耳介各部位の比較 [mm]

| | | $x_1$ | $x_2$ | $x_3$ | $x_5$ | $x_6$ | $x_7$ | $x_8$ | $x_d$ | $x_a$ [°] |
|---|---|---|---|---|---|---|---|---|---|---|
| 平均 | ARI | 33.48 | 16.90 | 6.20 | 62.43 | 16.22 | 7.51 | 17.72 | 13.71 | 25.48 |
| | CIPIC | 29.05 | 15.45 | 5.40 | 63.96 | 18.87 | 6.83 | 14.80 | 9.76 | 23.29 |
| | CIT | 35.48 | 18.68 | 8.19 | 68.26 | 21.15 | 6.69 | 18.92 | 13.93 | 21.86 |
| 最小 | ARI | 25.00 | 12.10 | 4.00 | 48.00 | 12.10 | 3.80 | 9.00 | 7.00 | 12.00 |
| | CIPIC | 21.84 | 10.37 | 2.70 | 54.24 | 14.32 | 3.78 | 5.81 | 3.65 | 5.94 |
| | CIT | 31.22 | 14.78 | 5.34 | 58.23 | 17.72 | 2.58 | 13.24 | 9.71 | 4.00 |
| 最大 | ARI | 39.20 | 22.00 | 18.00 | 74.00 | 20.00 | 13.20 | 26.70 | 19.20 | 49.00 |
| | CIPIC | 35.34 | 20.97 | 9.11 | 79.55 | 22.94 | 10.46 | 22.37 | 13.11 | 44.48 |
| | CIT | 43.83 | 21.84 | 11.88 | 83.18 | 25.09 | 10.28 | 24.14 | 17.60 | 40.00 |
| 標準偏差 | ARI | 3.60 | 2.06 | 1.67 | 5.00 | 1.70 | 1.99 | 3.07 | 2.67 | 5.57 |
| | CIPIC | 2.74 | 2.58 | 1.51 | 5.58 | 1.96 | 1.32 | 3.51 | 1.79 | 7.60 |
| | CIT | 2.36 | 1.71 | 1.65 | 4.66 | 1.80 | 1.99 | 2.50 | 1.74 | 8.37 |

表11.8 耳介各部位の $t$ 検定の結果。*: $p<0.05$, **: $p<0.01$

| 耳介部位 | 比較 | | | 寸法の大小 | | | | | |
|---|---|---|---|---|---|---|---|---|---|
| | ARIとCIPIC | ARIとCIT | CIPICとCIT | | | | | | |
| $x_1$ | ** | ** | ** | CIPIC | < | ARI | < | CIT | |
| $x_2$ | ** | ** | ** | CIPIC | < | ARI | < | CIT | |
| $x_3$ | ** | ** | ** | CIPIC | < | ARI | < | CIT | |
| $x_5$ | | ** | ** | ARI | ≅ | CIPIC | < | CIT | |
| $x_6$ | ** | ** | ** | ARI | < | CIPIC | < | CIT | |
| $x_7$ | * | * | | CIT | ≅ | CIPIC | < | ARI | |
| $x_8$ | ** | * | ** | CIPIC | < | ARI | < | CIT | |
| $x_d$ | ** | | ** | CIPIC | < | ARI | ≅ | CIT | |
| $x_a$ | * | ** | | CIT | ≅ | CIPIC | < | ARI | |

計的に有意に小さいと認められた部位は $x_6$ (耳甲介腔の長さ) であった ($p<0.01$)。3.5節で述べたように $x_6$ の寸法はP1, N1, N2周波数に与える影響が大きいことが示されている。つまり, $x_6$ が短いことが, ARIのP1, N1, N2周波数がほかのデータベースと比べて高くなった理由の1つであると考えられる。

# 引用・参考文献

1) X. Yan, K. Iida, and Y. Ishii：Comparison in frequencies of spectral peaks and notches and anthropometric of pinnae between HRTF databases, 信学技報, EA2014-19, pp.43-48（2014.8）
2) 石井要次，燕学智，飯田一博：頭部伝達関数データベースの比較——スペクトラルピークノッチ周波数および耳介形状パラメータの分析——，日本音響学会講演論文集，pp.615-618（2014.9）

# 3次元音響再生の原理

11章までに詳しく述べてきた頭部伝達関数の知見を適切に利用すれば，時間と空間を超えて，原音場の3次元空間特性を別の空間に再現したり，任意の3次元空間特性を生成したりすることが可能になる。

本章では，ヘッドホンおよび2個のスピーカによる3次元音響再生の原理を紹介する。

## 12.1 ヘッドホンによる耳入力信号の再現

### 12.1.1 基本原理

原音場においてダミーヘッドで収録された耳入力信号 $X(\omega)$ をヘッドホンで再現することを考える（図12.1）。ダミーヘッドで収録した信号をそのまま受

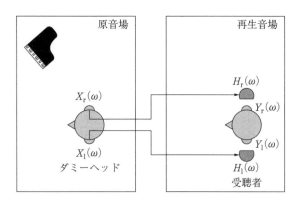

図 12.1　ダミーヘッドで収録された耳入力信号の
　　　　　ヘッドホンによる再現

聴者に提示すると，受聴者の耳入力信号 $Y(\omega)$ には，ヘッドホンから受聴者の外耳道入口までの伝達関数 $H(\omega)$ が掛かる．この伝達関数は原音場においてダミーヘッドで収録した際にはなかったものである．したがって，原音場での耳入力音響信号を再生音場の受聴者の外耳道入口で正しく再現するには，これを消去する必要がある．

そこで，原音場においてダミーヘッドで収録した耳入力信号 $X(\omega)$ をフィルタ $G(\omega)$ で処理し，ヘッドホンにより受聴者の外耳道入口で再現する（図12.2）．再現される耳入力信号 $Y(\omega)$ はつぎのように表される．

$$Y(\omega) = X(\omega) \cdot G(\omega) \cdot H(\omega) \tag{12.1}$$

よって，$Y(\omega)$ を $X(\omega)$ に等化するフィルタ $G(\omega)$ は

$$X(\omega) \angle \varphi(\omega) = X(\omega) \cdot G(\omega) \cdot H(\omega) \tag{12.2}$$

と書き換えるとつぎのようになる．

$$G(\omega) = \frac{\angle \varphi(\omega)}{H(\omega)} \tag{12.3}$$

ただし，$\angle \varphi(\omega)$ はフィルタ $G(\omega)$ が因果律を満たすように導入する線形な位相遅れである．

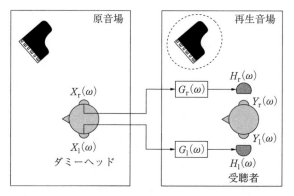

図 12.2　ダミーヘッドで収録された耳入力信号の
　　　　ヘッドホンによる再現

ここで，左右同じ大きさの位相遅れ $\angle \varphi_0(\omega)$ を適用すれば，受聴者の外耳道入口で再現する信号 $Y(\omega)$ をダミーヘッド収録信号 $X(\omega)$ へ等化できるととも

に，ダミーヘッド収録信号の両耳間差情報も再現できる。

$$\frac{Y_r(\omega)}{Y_l(\omega)} = \frac{X_r(\omega)\angle\varphi_r(\omega)}{X_l(\omega)\angle\varphi_l(\omega)} = \frac{X_r(\omega)\angle\varphi_0(\omega)}{X_l(\omega)\angle\varphi_0(\omega)} = \frac{X_r(\omega)}{X_l(\omega)} \qquad (12.4)$$

したがって，外耳道入口から鼓膜に至る伝達関数を含め，受聴者にそっくりなダミーヘッドで収録した耳入力信号 $X(\omega)$ を式 (12.3) のフィルタ $G(\omega)$ で処理してヘッドホンで再生すれば，原音場で聴取される音響信号と同じ情報を受聴者に与えられる。

ところで，このようなダミーヘッドの外耳道の音響インピーダンスを $z_{earcanal}(\omega)$，外耳道入口から音源側を見た放射インピーダンスを $z_{radiation}(\omega)$ とすれば，ダミーヘッドの外耳道を塞いで外耳道内の音波伝搬特性の影響を除いた耳入力信号 $\dot{X}(\omega)$ と，外耳道を開放した状態で収録した耳入力信号 $X(\omega)$ の関係はつぎのように表される（**図 12.3**（a））。

$$\dot{X}(\omega) = \frac{Z_{earcanal}(\omega) + Z_{radiation}(\omega)}{Z_{earcanal}(\omega)} X(\omega) \qquad (12.5a)$$

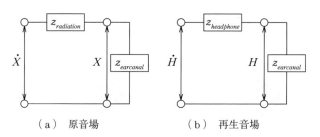

（a） 原音場　　　　（b） 再生音場

**図 12.3** 外耳道を塞いだ状態の収録信号とヘッドホン特性[1]

同様に，受聴者の外耳道の音響インピーダンスを $\dot{z}_{earcanal}(\omega)$ ($=z_{earcanal}(\omega)$)，外耳道入口からヘッドホンを見込む音響インピーダンスを $z_{headphone}(\omega)$ とすれば，受聴者の外耳道を塞いだ状態で観測されるヘッドホンから外耳道入口までの伝達関数 $\dot{H}(\omega)$ と，外耳道を開放した状態で観測した伝達関数 $H(\omega)$ の関係はつぎのように表される（図（b））。

$$\dot{H}(\omega) = \frac{\dot{Z}_{earcanal}(\omega) + Z_{headphone}(\omega)}{\dot{Z}_{earcanal}(\omega)} H(\omega)$$

$$= \frac{Z_{earcanal}(\omega) + Z_{headphone}(\omega)}{Z_{earcanal}(\omega)} H(\omega) \qquad (12.5b)$$

また，式 (12.5a) を式 (12.1) に適用すれば，ダミーヘッドの外耳道を塞いだ状態で収録した耳入力信号 $\dot{X}(\omega)$ から，外耳道を開放して収録される耳入力信号 $X(\omega)$，もしくは $X(\omega) \angle \varphi(\omega)$ を再現するフィルタ $\dot{G}(\omega)$ はつぎのように求められる。

$$\dot{G}(\omega) = \frac{\angle \varphi(\omega)}{H(\omega)} \cdot \frac{X(\omega)}{\dot{X}(\omega)}$$

$$= G(\omega) \cdot \frac{Z_{earcanal}(\omega)}{Z_{earcanal}(\omega) + Z_{radiation}(\omega)}$$

$$= G(\omega) \cdot \frac{\dot{Z}_{earcanal}(\omega)}{\dot{Z}_{earcanal}(\omega) + Z_{radiation}(\omega)} \qquad (12.6)$$

したがって，フィルタ $\dot{G}(\omega)$ を用いれば，受聴者にそっくりなダミーヘッドの外耳道をブロックした状態で収録した耳入力信号を用いて，原音場で聴取される音響信号と同じ情報を受聴者に与えられる（**図 12.4**）。

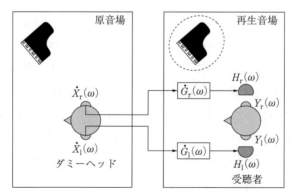

**図 12.4** 外耳道を塞いだ状態のダミーヘッドで収録された耳入力信号のヘッドホンによる再現

さらに，式 (12.5b) を式 (12.6) に適用すれば，フィルタ $\dot{G}(\omega)$ はつぎのように表される。

## 12. 3次元音響再生の原理

$$\dot{G}(\omega) = \frac{\angle\varphi_0(\omega)}{\dot{H}(\omega)} \cdot \frac{\dot{Z}_{earcanal}(\omega) + Z_{headphone}(\omega)}{\dot{Z}_{earcanal}(\omega) + Z_{radiation}(\omega)}$$

$$\triangleq \frac{\angle\varphi_0(\omega)}{\dot{H}(\omega)} \cdot PDR(\omega) \tag{12.7}$$

ここで，右辺第2項の **PDR** (pressure distribution ratio) がほぼ1とみなせる **FEC** (free air equivalent coupling to the ear) ヘッドホン[2]を利用すれば，外耳道を塞いだダミーヘッドで収録した耳入力信号 $\dot{X}(\omega)$ と，受聴者の外耳道を塞いだ状態で測定した伝達関数の逆フィルタ $\angle\varphi_0(\omega)/\dot{H}(\omega)$ を用いて，式 (12.3) のフィルタ $G(\omega)$ と同様に，原音場で聴取される音響信号と同じ情報を受聴者に与えられる。

また，PDR は式 (12.8) のように音圧の比でも表すことができる。

$$PDR(\omega) = \frac{\dot{Z}_{earcanal}(\omega) + Z_{headphone}(\omega)}{\dot{Z}_{earcanal}(\omega) + Z_{radiation}(\omega)} = \frac{P3(\omega)/P2(\omega)}{P6(\omega)/P5(\omega)} \tag{12.8}$$

ここで，P2, P3 はスピーカから提示して閉塞した外耳道入口，および開放した外耳道入口で測定した音圧，P5, P6 はヘッドホンから提示して閉塞した外耳道入口および開放した外耳道入口で測定した音圧である。

**図 12.5** に4種類のオープンタイプヘッドホン（K1000 (AKG), DT990 PRO (beyerdynamic), AD700 (audio technica), CD900 (SONY)）の PDR の測定値を示す。いずれのヘッドホンでも 10 kHz 以上では PDR の値は大きくなり変動も大きい。10 kHz 以下では K1000 や DT990 では 0 dB に近い値であり，周波数平均（RMS 値）では，K1000＜DT990＜AD700＜CD900 であった。

つぎに，FEC ヘッドホンとみなせる2種類のヘッドホン，K1000 および DT990 PRO（以降 DT990 と記述）の $\dot{H}(\omega)$ の補正について説明する。K1000 では $\dot{H}(\omega)$ を以下の手順で補正できる。

① 耳栓型マイクロホンを被験者の外耳道に装着する（マイクロホンの振動板は外耳道入口に位置する）。

② 被験者にヘッドホンを装着して M 系列信号を提示し，耳栓型マイクロホ

## 12.1 ヘッドホンによる耳入力信号の再現

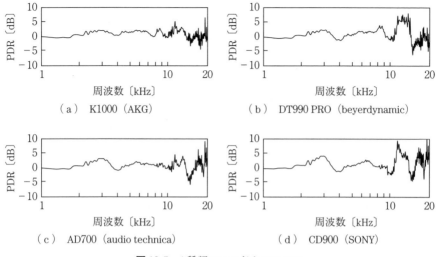

図 12.5　4 種類のヘッドホンの PDR

ンまでの伝達関数 $\dot{H}(\omega)$ を測定する。

③ さらに，ヘッドホンを装着したまま，その位置を変えないようにして耳栓型マイクロホンだけを取り外す（耳介はヘッドホンに覆われていない（図 12.6（a）））。

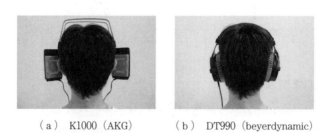

（a）　K1000（AKG）　　　（b）　DT990（beyerdynamic）

図 12.6　ヘッドホンの装着状況

④ $\angle \varphi_0(\omega) / \dot{H}(\omega)$ を施した信号を再生する。

ヘッドホンから耳栓型マイクロホンまでの 200 Hz から 17 kHz までの代表的な peak-to-peak レンジは約 20 dB であったが，このように補正することにより約 3 dB まで低減した（図 12.7）。

一方，DT990 では耳介がヘッドホンに覆われているため（図 12.6（b）），

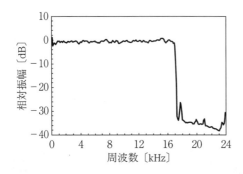

図12.7 補正フィルタ $\angle\varphi_0(\omega)/\dot{H}(\omega)$ を含んだヘッドホン（K1000）と耳栓型マイクロホン間の伝達関数

$\dot{H}(\omega)$ を測定するにはヘッドホンの着脱が必要となる。$\dot{H}(\omega)$ はヘッドホンの装着位置により変化するので，それを測定しても厳密な意味での補正はできない。**図12.8** に4名の被験者のDT990の $\dot{H}(\omega)$ の測定例を示す。peak-to-peakレンジは従来の報告[3]と同様に30 dBを超える。

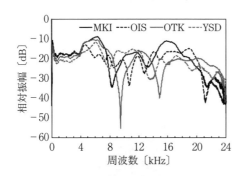

図12.8 補正フィルタ $\angle\varphi_0(\omega)/\dot{H}(\omega)$ を含まないヘッドホン（DT990）と耳栓型マイクロホン間の伝達関数（被験者4名）

### 12.1.2 音像制御精度

正中面における音像方向の制御精度を紹介する。理論通りに補正フィルタ $\angle\varphi_0(\omega)/\dot{H}(\omega)$ を施したヘッドホン（K1000）と補正を施さないヘッドホン（DT990）による正中面音像定位実験の結果を**図12.9**および**図12.10**に示す。頭部伝達関数は被験者本人の実測データを用いた。

補正フィルタ $\angle\varphi_0(\omega)/\dot{H}(\omega)$ を施したヘッドホン（K1000）では（図12.9），回答はほぼ対角線上に分布した。ただし，被験者OTKの60°，120°，150°では90°付近に回答した。

一方，$\angle\varphi_0(\omega)/\dot{H}(\omega)$ の補正を施さないヘッドホン（DT990）では（図

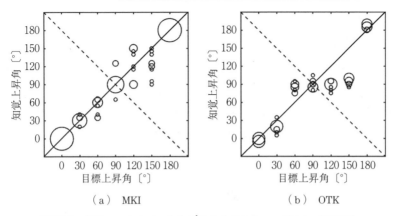

**図 12.9** 補正フィルタ $\angle \varphi_0(\omega)/\dot{H}(\omega)$ を施したヘッドホン (K1000) 再生による正中面音像定位

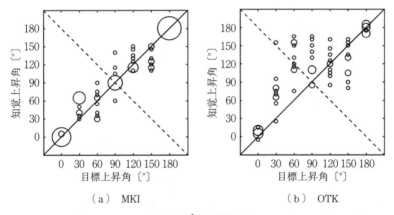

**図 12.10** 補正フィルタ $\angle \varphi_0(\omega)/\dot{H}(\omega)$ を施さないヘッドホン (DT990) 再生による正中面音像定位

12.10), 被験者 MKI の回答はほぼ対角線上に分布したが, 被験者 OTK は定位精度が低下し, 30°では前方から後方, 60°から 150°では上方から後方の広い範囲に分布した. この被験者では, 前方と後方では補正フィルタ $\angle \varphi_0(\omega)/\dot{H}(\omega)$ を施したヘッドホン (K1000) と同等の精度であるが, 上方では定位精度が低下する.

先に述べたように, DT990 のような通常の形態のヘッドホンでは $\angle \varphi_0(\omega)/\dot{H}(\omega)$ の補正の際に着脱が必要になるため, 厳密な意味での補正はできない.

しかし，複数回測定した$\angle\varphi_0(\omega)/\dot{H}(\omega)$の平均特性による補正を施して音像定位実験が行われている[4]。その結果を**図 12.11**（a）に示す。ただし，ここで用いられた頭部伝達関数は本人のものではなく，4.3.2 項で紹介した typical subject の頭部伝達関数であることに注意を要する。正中面内（前下）で前後誤判定が生じているが，本人の頭部伝達関数ではないにもかかわらず，図 12.10（b）のような音像の上昇は生じていない。

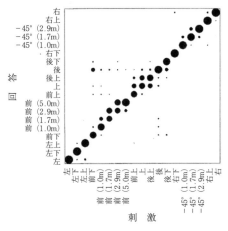
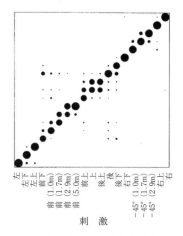

（a） あらかじめ複数回測定した本人の$\angle\varphi_0(\omega)/\dot{H}(\omega)$の平均特性で補正

（b） 多人数の$\angle\varphi_0(\omega)/\dot{H}(\omega)$の平均特性で補正

**図 12.11** 本人の$\angle\varphi_0(\omega)/\dot{H}(\omega)$と多人数の平均の$\angle\varphi_0(\omega)/\dot{H}(\omega)$を用いた音像定位実験結果（12X＝4L）。括弧内の数値は音源距離を示す。括弧のない方向の音源距離は 1 m。頭部伝達関数は typical subject のものを用いていることに注意。

図 12.11（b）は多数の被験者の$\angle\varphi_0(\omega)/\dot{H}(\omega)$の平均特性による補正を施した音像定位実験結果である。図（a）と図（b）に顕著な差はないようにもみえるが，前後誤判定率（**表 12.1**）では，やや精度の低下がみられ，両者には有意差が認められた（$p<0.05$）。

**表 12.1** 正中面における前後誤判定率〔％〕

| 本人の$\angle\varphi_0(\omega)/\dot{H}(\omega)$の平均特性で補正 | 多人数の$\angle\varphi_0(\omega)/\dot{H}(\omega)$の平均特性で補正 |
| --- | --- |
| 21.2 | 24.0 |

### 12.1.3 動的手掛かりの導入

　方向知覚の動的な手掛かり，つまり受聴者の頭部の動きに着目し，耳入力信号再生中の受聴者の頭部運動に追随して耳入力信号を変化させることの有効性も報告されている。1980年代にKEMARダミーヘッドを被験者の動きに同期するシステムが開発され[5]，また特定の受聴者の頭部と耳介形状を模したダミーヘッドを用いた同様のシステムも報告されている[6]。しかし，これらのシステムは受聴者とダミーヘッドの動きの同期が重要であるため，原音場で受聴している間でのみ有効であり，いったん収録してしまった信号には効果がないという問題がある（図12.12（a））。

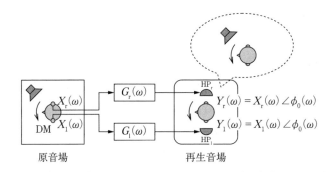

（a）受聴者の姿勢変化に応じてダミーヘッドの姿勢を変化させる系

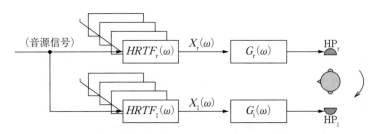

（b）受聴者の姿勢変化に応じて耳入力信号特性を動的に変化させる系

**図12.12** 受聴者の頭部運動を適応した耳入力信号再生システム

　原音場の入射音の時間的，空間的構造が既知であればヘッドトラッカで受聴者の頭部運動をとらえ，それに追従して頭部伝達関数を切り換えることができる[7]。ただし，一般には原音場の入射音構造は未知であるため，原音場の空間

音響の再生には適用できず,仮想的な音場の創生などに用途が限定される(図(b))。

このような問題を解決するために,多数(例えば252チャネル)のマイクロホンを球面に配置し,再生時の受聴者の頭部の動きに合わせて各マイクロホンで収録した信号の加算方法を変化させ,頭部伝達関数を反映した耳入力信号を提示するシステムの研究も進められている[8]。

## 12.2　2つのスピーカによる耳入力信号の再現

### 12.2.1　基　本　原　理

複数のスピーカとディジタルフィルタマトリクスを用いて,原音場における受聴者両耳への入力信号を,任意の音場における受聴者の両耳で再現するシステムを一般に**トランスオーラルシステム**と呼ぶ。3個以上のスピーカを用いるシステムも提案されているが,ここでは,最小構成である2個のスピーカを用いたトランスオーラルシステムについて概説する。

トランスオーラルシステムを初めて提案したのはSchroeder and Atal[9]である。彼らは,受聴者前方の左右対称な位置(±23°)に2個のスピーカを配置してトランスオーラルシステムを構築し,離散的反射音と後期反射音でシミュレートしたコンサートホール音場の耳入力信号の再現を試みた。

**図12.13**に示すように,原音場にある音源を$S$,音源から受聴者の両耳への伝達関数を$H$とすると,受聴者の両耳入力信号$P$は式(12.9)のように表される。$H$は原音場がコンサートホールであれば両耳空間伝達関数であり,無響室のような直接音のみの音場であれば頭部伝達関数である。添え字l,rは耳の左,右を表す。

$$\begin{cases} P_l(\omega) = S(\omega) \cdot H_l(\omega) \\ P_r(\omega) = S(\omega) \cdot H_r(\omega) \end{cases} \quad (12.9)$$

一方,再生音場にある2個のスピーカから信号$X$を放射すると,受聴者の両耳入力信号$P'$は式(12.10)のように表される。ここで,添え字L,Rはス

## 12.2 2つのスピーカによる耳入力信号の再現

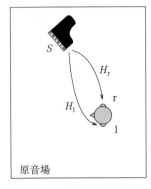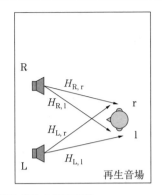

**図 12.13** 原音場と再生音場の伝達関数

ピーカの左右を，l, r は耳の左右をそれぞれ表す．

$$\begin{cases} P'_l(\omega) = X_L(\omega) \cdot H_{L,l}(\omega) + X_R(\omega) \cdot H_{R,l}(\omega) \\ P'_r(\omega) = X_R(\omega) \cdot H_{R,r}(\omega) + X_L(\omega) \cdot H_{L,r}(\omega) \end{cases} \quad (12.10)$$

ここで，$P$ と $P'$ が一致するならば式（12.11）が成り立つ．

$$\begin{cases} S(\omega) \cdot H_l(\omega) = X_L(\omega) \cdot H_{L,l}(\omega) + X_R(\omega) \cdot H_{R,l}(\omega) \\ S(\omega) \cdot H_r(\omega) = X_R(\omega) \cdot H_{R,r}(\omega) + X_L(\omega) \cdot H_{L,r}(\omega) \end{cases} \quad (12.11)$$

これを左右のスピーカの放射信号について解くと，式（12.12）が得られる．

$$\begin{cases} X_L(\omega) = S(\omega) \times \dfrac{H_l(\omega) H_{R,r}(\omega) - H_r(\omega) H_{R,l}(\omega)}{H_{L,l}(\omega) H_{R,r}(\omega) - H_{L,r}(\omega) H_{R,l}(\omega)} \\ X_R(\omega) = S(\omega) \times \dfrac{H_r(\omega) H_{L,l}(\omega) - H_l(\omega) H_{L,r}(\omega)}{H_{L,l}(\omega) H_{R,r}(\omega) - H_{L,r}(\omega) H_{R,l}(\omega)} \end{cases} \quad (12.12)$$

音源信号にこのような信号処理を施すことにより，原理的には原音場の両耳入力信号を再生音場の受聴者の両耳で再現できる．

また，式（12.9）を用いて式（12.12）を以下のように変形する．

$$\begin{cases} X_L(\omega) = \dfrac{P_l(\omega) H_{R,r}(\omega) - P_r(\omega) H_{R,l}(\omega)}{H_{L,l}(\omega) H_{R,r}(\omega) - H_{L,r}(\omega) H_{R,l}(\omega)} \\ X_R(\omega) = \dfrac{P_r(\omega) H_{L,l}(\omega) - P_l(\omega) H_{L,r}(\omega)}{H_{L,l}(\omega) H_{R,r}(\omega) - H_{L,r}(\omega) H_{R,l}(\omega)} \end{cases} \quad (12.13)$$

式（12.13）は，**図 12.14** に示すフィルタマトリクスと等価である．ただし，それぞれのフィルタは式（12.14）のようになる．

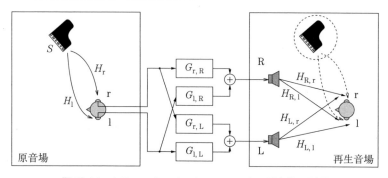

**図12.14** トランスオーラルシステムによる原音場の再現

$$\begin{cases} G_{l,L}(\omega) = \dfrac{H_{R,r}(\omega)}{H_{L,l}(\omega)H_{R,r}(\omega) - H_{L,r}(\omega)H_{R,l}(\omega)} \\ G_{r,L}(\omega) = \dfrac{-H_{R,l}(\omega)}{H_{L,l}(\omega)H_{R,r}(\omega) - H_{L,r}(\omega)H_{R,l}(\omega)} \\ G_{l,R}(\omega) = \dfrac{-H_{L,r}(\omega)}{H_{L,l}(\omega)H_{R,r}(\omega) - H_{L,r}(\omega)H_{R,l}(\omega)} \\ G_{r,R}(\omega) = \dfrac{H_{L,l}(\omega)}{H_{L,l}(\omega)H_{R,r}(\omega) - H_{L,r}(\omega)H_{R,l}(\omega)} \end{cases} \quad (12.14)$$

なお，図12.14の原音場には，音源から受聴者両耳までの経路として直接音しか描いていないが，反射音が含まれていてもかまわない．また，再生音場のスピーカから受聴者両耳までの経路についても反射が含まれていてもかまわない．ただし，再生音場のスピーカから両耳までのインパルス応答が長いと，式（12.14）を構成するフィルタも長い応答長が必要となる．一般的には，再生音場のインパルス応答の継続長の4倍程度のタップ数が必要である．

### 12.2.2　音像制御精度

このように原理的には，2個のスピーカにより原音場の両耳入力信号を任意の再生音場において受聴者の両耳で再現できる．しかしながら，実際には，2個のスピーカによる3次元音場再生では，① 本人の頭部伝達関数を用いる，② 頭部を固定する，という2つの条件を満たす必要がある．①については2，3章で述べたので，ここでは受聴位置に対するロバスト性についての知見を紹

## 12.2 2つのスピーカによる耳入力信号の再現

介する。

　従来提案されているトランスオーラルシステムでは，スピーカを水平面内の前方±30°に配置するのが標準的であるが，受聴位置のずれに対するロバスト性を考慮して近接配置する方法が提案されている[10]。また，スピーカを水平面ではなく，横断面に配置する方法も検討されている[11]。**図 12.15** に示すように天頂を0°として，横断面の±20°から±160°まで10°間隔の15種類（T20〜T160），および比較のために用意した従来のトランスオーラルシステムの水平面の前方±30°（H30），さらに上記の近接配置±6°（H6）の計17種類のスピーカ配置で音像定位実験が行われた。目標方向は水平面の12方向および上半球正中面の7方向である。

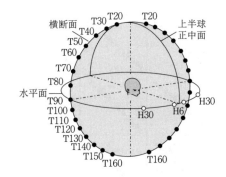

**図 12.15** トランスオーラルによる音像定位実験で用いた17種類のスピーカ配置

　音像定位実験結果を**図 12.16**〜**図 12.19**に示す。水平面では（図 12.16, 図 12.17），被験者2名に共通しておおむね目標方向に音像を知覚したスピーカ配置はT60〜T110であった。また，方位角の平均定位誤差が実音源のそれと有意な差がないとみなせるスピーカ配置はT70, T80, T100であった。

　上半球正中面においては（図 12.18, 図 12.19），被験者2名に共通しておおむね目標方向に音像を知覚したスピーカ配置はT60〜T80であった。また，上昇角の平均定位誤差が実音源と有意な差がないとみなせるスピーカ配置はT70であった。

　したがって，トランスオーラルシステムのスピーカは，当初提案されていたように水平面前方に配置するよりも，横断面の斜め上方に配置するほうが有利

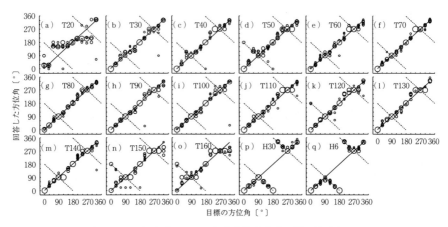

**図 12.16** 水平面における音像定位実験結果[11]。被験者 A。

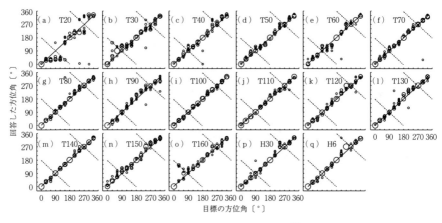

**図 12.17** 水平面における音像定位実験結果[11]。被験者 B。

であるといえる。

H30 および T70 について，左耳での目標の伝達関数と式 (12.12) から求めた制御後の伝達関数を**図 12.20** に示す。目標方向は後方 (180°) である。H30 の制御後の伝達関数には，8.5 〜 11.0 kHz に目標の伝達関数には存在しない顕著なノッチやピークが生じている。これによって，音像を後方に知覚しなかったと考えられる。一方，T70 ではほぼ目標通りの伝達関数が再現されている。

## 12.2 2つのスピーカによる耳入力信号の再現

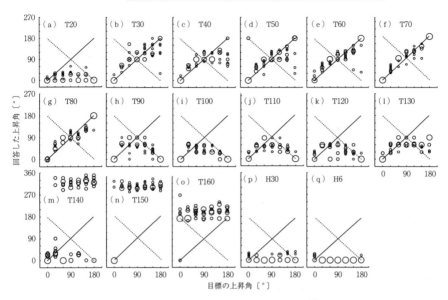

**図 12.18** 上半球正中面における音像定位実験結果[11]。被験者 A。

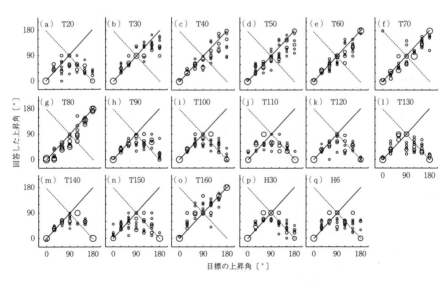

**図 12.19** 上半球正中面における音像定位実験結果[11]。被験者 B。

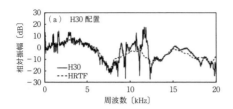
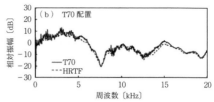

図 12.20　伝達関数制御結果（実線：制御後の伝達関数，破線：目標の伝達関数）

# 引用・参考文献

1) 飯田一博，森本政之編著：空間音響学，p.108，コロナ社（2010）
2) H. Møller：Fundamentals of binaural technology, Applied Acoustics **36**, pp.171-218 (1992)
3) H. Møller, D. Hammershøi, C. B. Jensen, and M. F. Sørensen：Transfer characteristics of headphones measured on human ears, J. Audio Eng. Soc. **43**, pp.203-217 (1995)
4) H. Møller, C. B. Jensen, D. Hanmmershøi, and M. F. Sørensen：Using a typical human subject for binaural recording, Audio Eng. Soc., Reprint 4157 (C-10), (1996.5)
5) G. L. Calhoun and W. P. Janson：Eye and head response as indicators of attention cue effectiveness, Proc. the Human Factors Society 34th annual meeting, pp.1-5 (1990)
6) I. Toshima, H. Uematsu, and T. Hirahara：A steerable dummy head that tracks three-dimensional head movement：TeleHead, Acoust. Sci. & Tech., **24**, pp.327-329 (2003)
7) 稲永潔文，山田佑司，小泉博司：頭部運動による動的頭部伝達関数を模擬したヘッドホンシステム，信学技報，EA94-94，pp.1-8（1995）
8) S. Sakamoto, S. Hongo, T. Okamoto, Y Iwaya, and Y. Suzuki：Sound-space recording and binaural presentation system based on a 252-channel microphone array, Acoust. Sci. & Tech. **36**, pp.516-526 (2015)
9) M. R. Schroeder and B. S. Atal：Computer simulation of sound transmission in rooms. Proc. IEEE, pp.536-537 (1963.3)
10) O. Kirkeby, P. A. Nelson, and H. Hamada：Local sound field reproduction using two closely spaced loudspeakers, J. Acoust. Soc. Am., **104**, pp1.973-1981 (1998)
11) 飯田一博，石井孝，石井要次，池見隆史：横断面に配置した2スピーカによる3次元音像制御，日本音響学会誌，**68**，pp.331-342（2012）

# 13 3次元聴覚ディスプレイ

　12章で述べたヘッドホンによる3次元音響システムは3次元聴覚ディスプレイとも呼ばれている。本章では，3次元聴覚ディスプレイのシステム構成と応用例を紹介する。

## 13.1　システム構成

　3次元聴覚ディスプレイの主たる機能は，3次元空間の任意の位置にある音源によって生じる音像をシミュレートすることである。

　3次元聴覚ディスプレイの基本的なシステム構成を図 13.1 に示す。ハードウェアとしては，PC，ディジタルオーディオインタフェース，ヘッドホン，耳栓型マイクロホン，ヘッドトラッカ，ポジショントラッカなどを用い，加えて頭部伝達関数，耳介形状などのデータベースも用いる。外観および画面の一例を図 13.2 に示す。

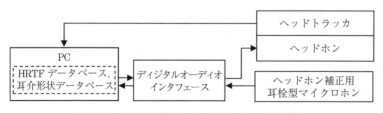

図 13.1　3次元聴覚ディスプレイのシステム構成

　表 13.1 にこれまで開発されたおもなシステムの機能を示す。多くのシステムは受聴者の頭部運動や移動に追従する機能を備えている。頭部運動に対する

## 13. 3次元聴覚ディスプレイ

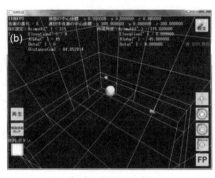

　　　　（a）外　観　　　　　　　　　　（b）画面の一例

図 13.2　3次元聴覚ディスプレイ

表 13.1　おもな3次元聴覚ディスプレイの機能一覧

| 開発者 | NASA | 東北大学 | 信州大学 | 千葉工業大学 |
|---|---|---|---|---|
| システム名<br>開発年 | SLAB<br>2002 | SifASo<br>2006 | —<br>2012 | SIRIUS<br>2010 〜 |
| HRTF | 実測 | 実測 | 境界要素法 | ・実測<br>・パラメトリック |
| HRTFの<br>個人適応 |  | 試聴により選択 |  | 耳介形状から<br>選定 |
| 頭部回転への<br>追従 | ○ | ○ | ○ | ○ |
| 受聴者位置移<br>動への追従 | ○ |  | ○<br>（Kinect） | ○<br>（Kinect） |
| 反射音のリア<br>ルタイム処理 | 1次反射 | 1次反射 |  | 1 920 ms まで |

　システム遅延の検知限は約 80 ms と報告されており[1]，この時間内に頭部運動によって生じた音源方向の変化に対応した頭部伝達関数の書換えが必要である。

　また，音像方向の制御精度を確保するために，頭部伝達関数の個人化機能を採り入れたシステムもある。

　筆者の研究室で開発したシステム（SIRIUS）を例にとって，3次元聴覚ディスプレイの処理の流れを説明する。システムの外部仕様を**表 13.2** に示す。

　このシステムは Windows 7 を搭載した PC で動作し，音源信号は WAVE 形

## 13.1 システム構成

表 13.2 3次元聴覚ディスプレイの外部仕様例

| 開発プログラム言語 | | C++, C#, MATLAB |
|---|---|---|
| OS | | Windows 7 (32 bit), Vista, XP |
| CPU | | Core i3  2.13 GHz |
| 頭部モーションセンサ | | 加速度(3軸)+角速度(3軸), USB/Bluetooth 伝送 |
| 音像方向制御方法 | | 1) 実測頭部伝達関数 |
| | | 2) 正中面実測頭部伝達関数+両耳間時間差(ITD) |
| | | 3) 正中面パラメトリック頭部伝達関数+両耳間時間差(ITD) |
| 方向制御範囲 | 方向角(分解能) | 0〜360°(<1°) |
| | 仰角(方位角) | −90〜+90°(<1°) |
| 頭部伝達関数の個人適応 | | 最小パラメトリック頭部伝達関数データベースから選択 |
| 音像距離制御 | | BSPL に基づく制御 |
| 方向および距離の設定 | | GUI(画面上にマウスで設定) |
| 最大音源数 | | 7 |
| 最大システム遅延 | | 21 ms |

式に対応する。HDD に頭部インパルス応答データベース(応答長:512サンプル)を持ち,音源信号と頭部インパルス応答をリアルタイムで畳込み処理を行って,音像の方向と距離を制御する。さらに,ヘッドトラッカや 3D 位置センサを用いることで,受聴者の頭部の向きや位置を取り込み,それらの変化を反映してリアルタイムで音像を制御する。

音像方向は全天空(方位角:0〜360°,仰角:−90〜+90°)に対して制御可能で,音像距離についても BSPL(7.2.3項)に基づいて制御できる。オーバラップ加算法(10.3.2項)を用いて畳込み処理を行うことにより,クロック周波数 2.13 GHz の CPU で 7 個までの音源を同時に実時間処理ができる。なお,システム遅延は約 21 ms である。

図 13.3 に処理フローを示す。プログラム起動後,初期化処理を行いメインループに入る。メインループでは以下の処理を行う。

① ヘッドトラッカ,3D 位置センサから受聴者の位置,頭部の方向の情報を

## 13. 3次元聴覚ディスプレイ

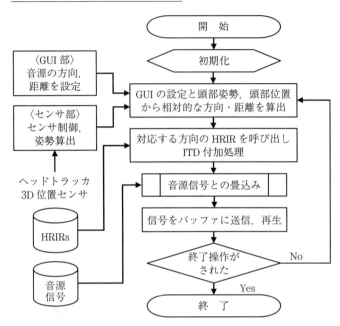

**図 13.3** 3次元聴覚ディスプレイの処理フロー

取り込む。
② GUI（マウス）で設定した音源位置と受聴者位置，頭部方向から，音源と受聴者の相対的な角度，距離を算出する。
③ ②で算出した上昇角に対応する頭部インパルス応答をデータベースから呼び出す。さらに，側方角に対応する両耳間時間差を頭部インパルス応答に加える。
④ 音源信号と頭部インパルス応答の畳込み演算を行う。畳込みにはオーバラップ加算法（10.3.2項）を用いる。
⑤ 両耳再生信号をバッファへ送り，ヘッドホンから再生する。

## 13.2 コンサートホールの音場シミュレーションへの応用

3次元聴覚ディスプレイの多くは，直接音に加えて初期反射音も畳込む機能

## 13.2 コンサートホールの音場シミュレーションへの応用

を有する。あらかじめ幾何音響シミュレーションなどによって**空間インパルス応答**（room impulse response, **RIR**）を計算し，これに頭部インパルス応答を畳込み，**両耳空間インパルス応答**（binaural room impulse response, **BRIR**）を生成する（付録 A.2 および A.4 参照）。これと音源信号を畳込むことで，その空間で聴取される耳入力信号をシミュレートする。

しかし，両耳空間インパルス応答は応答長が長いため，オーバラップ加算法を用いてもリアルタイムに畳込むことは困難である。そこで，フレーム分割を用いた高速畳込みアルゴリズムが開発されている[2]。

**図 13.4** および**図 13.5** にその概念図とフローチャートを示す。処理の過程は以下のとおりである。

① 音源信号をフレーム長（512 サンプル）ごとに切り出す。切り出したブロックを $S_1, S_2, \cdots, S_n$ とする。

② 同様に $BRIR(\mathrm{L, R})$ をフレーム長ごとに切り出す。切り出したブロックを $BRIR(\mathrm{L, R})_1, BRIR(\mathrm{L, R})_2, \cdots, BRIR(\mathrm{L, R})_m$ とする。

③ $j$ 番目のフレームの出力信号 $Output(\mathrm{L, R})_j$ を得るために，式 (13.1) に従って計算する。

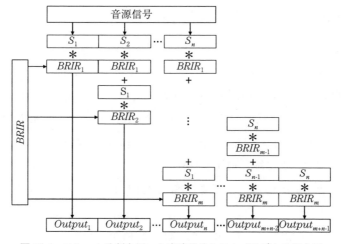

**図 13.4** フレーム分割を用いた高速畳込みアルゴリズムの概念図

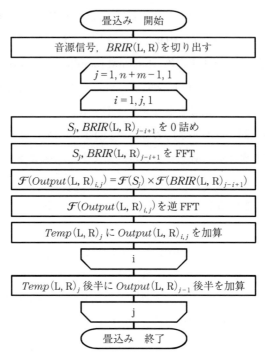

**図 13.5** 高速畳込みアルゴリズムのフローチャート

$$Output(L, R)_j = \sum_{i=1}^{j} S_i * BRIR(L, R)_{j-i+1} \qquad (13.1)$$

④ 式 (13.1) の畳込みにはオーバラップ加算法を用いる。オーバラップ加算法のアルゴリズムに従い，$j$ 番目のフレームの出力信号 $Output(L, R)_j$ を得るために，以下の処理を行う。

　a）式 (13.1) に従い，各ブロック（$S_i$, $BRIR(L)_{j-i-1}$, $BRIR(R)_{j-i-1}$）をフレーム長の 2 倍の長さになるように 0 を詰める。

　b）各ブロックに対し FFT を行う。

　c）$S_i$ と $BRIR(L)_{j-i-1}$，および $S_i$ と $BRIR(R)_{j-i-1}$ それぞれの複素数積をとる。

　d）c) で得た信号の L, R それぞれに逆 FFT を行う。

　e）d) で得た信号の L, R それぞれを一時配列（1 024 サンプル）に加算

f) a) から e) を $i=j$ となるまで $i$ を増加させながら処理を繰り返す。

g) f) で得た信号の前半（512 サンプル分）と前のフレーム（$Output$(L, R)$_{j-1}$) の計算で得た信号の後半（512 サンプル分）を加算する。

h) g) で得た信号の前半（512 サンプル分）を再生信号として再生用バッファに送る。

以上の処理を繰り返し計算することで，再生用の出力信号が得られる。

このようなアルゴリズムを用いて，Windows 7 PC に搭載された CPU（core i7, 2.7 GHz, 4 core, 8 thread）で OpenMP による 6 thread 並列処理で動作させたところ，BRIR の応答長が 92 160 サンプル（1.92 s）までリアルタイムに畳込み可能であることが確認されている。

## 13.3　防災放送の音場シミュレーションへの応用

　防災放送は複数の地点に設置されたスピーカから音声を同時に放射するので，受聴点に複数の音声が重なって届くことが多い。入射音の時間差はしばしば数百ミリ秒あるいは秒のオーダとなり，後続入射音がロングパスエコーとなって音声の了解度を低下させる（8 章および付録 A.3 参照）。

　既存あるいは設計段階の屋外拡声システムにより伝達される音声をシミュレートし，可聴化することができれば，音声の了解度を直接評価することができる。音声の了解度を精度よくシミュレートするには，入射音の時間特性や周波数特性だけではなく，空間特性つまり 3 次元的な入射方向も再現する必要がある。3 次元聴覚ディスプレイによる屋外防災放送の単語了解度のシミュレーションの例[3]を以下に紹介する。

　首都圏に実在する防災放送システムをモデル化した 4 種類の音場をシミュレートした（図 13.6）。音源は親密度 7.0 〜 5.5 に属する 4 モーラの単語[4]を 1.5 モーラ（281.25 ms）間隔で 4 個つなげた 4 連単語で，暗騒音を ±45°，±135°から遅延を付加して提示した。

## 13. 3次元聴覚ディスプレイ

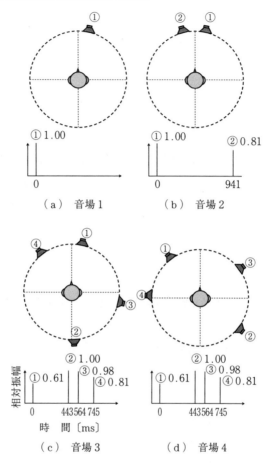

図 13.6 4種類の音場の空間的，時間的構成

頭部伝達関数とヘッドホンは，表 13.3 に示す4種類の組合せを用いた。ここで，頭部伝達関数については本人のものを own，4.4.1 項で述べた best-

表 13.3 3次元聴覚ディスプレイで用いた頭部伝達関数とヘッドホン

| 再生方法 | HRTF | ヘッドホン |
|---|---|---|
| 1 | 本人 (own) | FEC |
| 2 | 本人 (own) | OPEN |
| 3 | best-matching (bm) | OPEN |
| 4 | ダミーヘッド (HATS) | OPEN |

## 13.3 防災放送の音場シミュレーションへの応用

matching を bm，ダミーヘッド（B&K，Type 4128C）のものを HATS と記す。FEC は 12.1 節で述べた FEC ヘッドホン（AKG，K1000），OPEN は市販のオープンタイプヘッドホン（audio technica，ATH-AD700）を示す。また，比較のため無響室にスピーカを設置して物理的に 4 種類の音場を再現した（**図 13.7**）。

**図 13.7** 無響室再生実験の様子

**表 13.4** に単語了解度のシミュレーション結果を示す。3 次元聴覚ディスプレイでシミュレートした単語了解度は，いずれも音場 2 ＜ 音場 3 ≅ 音場 4 ＜ 音場 1 となり，無響室再生と同様の傾向となった。$\chi^2$ 検定の結果，own_FEC と bm_OPEN では無響室再生と統計的有意な差のない精度で単語了解度をシミュレートできるといえる。ただし，いずれの頭部伝達関数とヘッドホンの組合せにおいても単語了解度は無響室再生より高く，危険側の結果となった。

**表 13.4** 3 次元聴覚ディスプレイおよび無響室再生による単語了解度。* および ** は無響室再生の単語了解度との間に $p<0.05$，$p<0.01$ で有意な差があることを示す。

| 音場 | 無響室 | 3 次元聴覚ディスプレイ | | | |
|---|---|---|---|---|---|
| | | own_FEC | own_OPEN | bm_OPEN | HATS_OPEN |
| 1 | 0.77 | 0.80 | 0.83 | 0.81 | 0.84* |
| 2 | 0.46 | 0.51 | 0.54* | 0.47 | 0.50 |
| 3 | 0.65 | 0.66 | 0.70 | 0.70 | 0.71 |
| 4 | 0.64 | 0.65 | 0.71 | 0.70 | 0.74** |

## 13.4 音源方向探査システムへの応用

音の3次元的な再生や提示だけではなく,頭部伝達関数を利用して音源方向を探査するシステムも開発されている。

左右の耳入力信号から得られる両耳間位相差に着目した音源方向の推定方法(周波数領域両耳聴モデル)が提案されている[5]。これは耳入力信号を複数の周波数帯域に分割し,各帯域で両耳間位相差を算出して,その位相差が生じるコーン(2.4節参照)を描いたとき,それらの交点が音源方向であるとする考え方である。

**図13.8**は,2つの音源($S_1$, $S_2$)が存在する場合の周波数領域両耳聴モデ

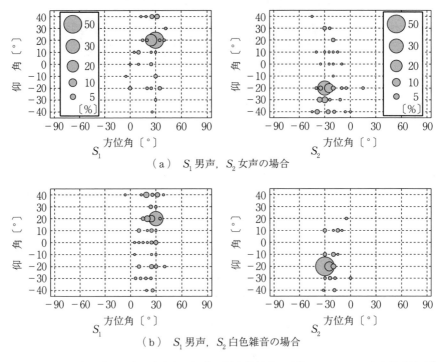

(a) $S_1$ 男声,$S_2$ 女声の場合

(b) $S_1$ 男声,$S_2$ 白色雑音の場合

**図13.8** 2つの音源($S_1$, $S_2$)が存在する場合の周波数領域両耳聴モデルによる方向推定結果[6]

ルによる方向推定結果である[6]。$S_1$ は (30°, 20°), $S_2$ は (-30°, -20°) に配置されている。図 (a) に示すように, $S_1$, $S_2$ が男声と女声の場合は精度よく2つの音源の方向を推定できる。しかし, 図 (b) のように男声と白色雑音の場合は推定精度がやや低下する。

また, ダミーヘッドやリアルヘッドの両耳で収録した音響信号から頭部伝達関数のノッチ (N1, N2) の周波数を抽出することによって音源の上昇角を推定する方法が提案されている[7]。N1, N2 周波数は音源の上昇角に強く依存する性質を利用しようという考え方である。処理の手順を以下に記す。

① 両耳入力信号を周波数領域へ変換し単耳振幅スペクトルを算出
② 移動平均によりスペクトル包絡線を抽出
③ N1, N2 周波数を検出
④ 上昇角と N1, N2 周波数との関係 (**図 13.9**) との照合により最も確からしい上昇角を推定

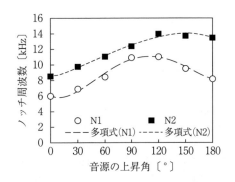

**図 13.9** 収録に用いたリアルヘッドにおける音源の上昇角と N1, N2 周波数との関係

**図 13.10** にシミュレーション結果を示す。横軸は音源の上昇角, 縦軸は推定した上昇角である。音源の種類に関わらず, おおむね正しく上昇角を推定している。ただし, 女声アナウンスの 30°および音楽の 0°では後方に誤って推定している。N1, N2 の振舞いが前方と後方で類似していることが原因であると考えられる。これはヒトの音像定位の前後誤判断と同様の現象である。また, 同じ音源の異なる部分を用いると精度よく前方に推定できる場合もあり, 前後判定の不安定さを示しているともいえる。ただし, 4 章で述べたように音源の

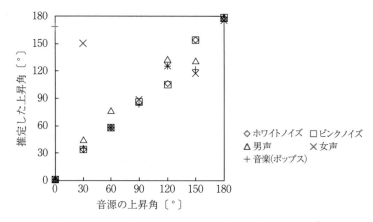

図 13.10　上半球正中面において推定した音源の上昇角[6]

上昇角と N1，N2 周波数の関係には個人差があるため，あらかじめ収録に用いるダミーヘッドやリアルヘッドにおける関係を得ておく必要がある。

このように，音源方向推定はある範囲で成功しているものの，雑音や残響への対応など今後解決すべき問題もあり，さらなる研究の展開が期待される。

## 引用・参考文献

1) 矢入聡，岩谷幸雄，鈴木陽一：頭部運動と聴覚ディスプレイのシステム遅延の関係に関する一考察，信学技報，EA2005-38（2005）
2) 三橋茂一，堀越健也，飯田一博：反射音のリアルタイム畳込み機能を搭載した3次元聴覚ディスプレイの開発，日本音響学会講演論文集，pp.709-710（2013.9）
3) 飯田一博，野村宗弘，石井要次，大島俊也，内藤大介：バイノーラル再生による屋外防災放送の単語了解度の再現精度，日本音響学会聴覚研究会資料，H-2015-75（2015）
4) NII 音声資源コンソーシアム（2006）
5) H. Nakashima, Y. Chisaki, T. Usagawa, and M. Ebata：Frequency domain binaural model based on interaural phase and level differences, Acoust. Sci. & Tech. **24**, pp.172-178（2003）
6) 飯田一博，森本政之編著：空間音響学，p.157，コロナ社（2010）
7) K. Iida：Model for estimating elevation of sound source in the median plane from ear-input signals, Acoust. Sci. & Tech., **31**, pp.191-194（2010）

# 付　　　　録

## A.1　実音源による方向知覚

そもそも，ヒトはスピーカなどの実際に存在する音源（実音源）に対してどの程度正確に方向を知覚できるのだろうか。実音源に対する音像定位精度を紹介する。

### A.1.1　水　平　面

無響室内で水平面内に 30°間隔で設置したスピーカからランダムな順に提示した刺激に対して，被験者が回答した音像の方位角を図 **A**.1 に示す。音源は 200 Hz 〜 17 kHz の白色雑音で，被験者は正常な聴力を有する大学生 10 名である。

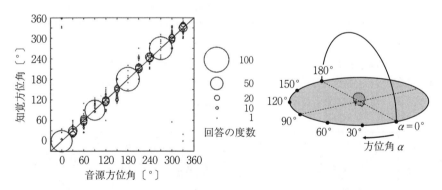

**図 A.1**　実音源による水平面内の音像定位（被験者：10 名）

図の横軸は音源方向，縦軸は知覚方向であり，円の半径は回答の頻度を表す。円が左下から右上への対角線上に分布していれば音源方向に音像を知覚したことになる。水平面内の実音源に対しては，ほぼ音源方向に音像を知覚し，被験者間のばらつきも少ない。

## A.1.2 正中面

正中面内に 30°間隔で設置したスピーカからランダムな順に提示した刺激に対して，被験者が回答した音像の上昇角を**図 A.2** に示す。被験者は水平面と同一の10名である。正面と真後ろの実音源に対しては，ほぼ音源方向に音像を知覚するが，30～150°の実音源に対しては回答にばらつきが見られる。

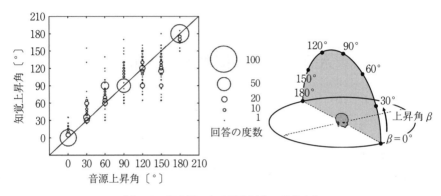

**図 A.2** 実音源による正中面内の音像定位

筆者はこれまで約100名の被験者に対して実音源の正中面音像定位実験を行ってきたが，10％程度の被験者は実音源でも前後誤判定が生じる。**図 A.3** に3種類の音像定位パターン，すなわち図（a）精度の高い定位，図（b）逆S字カーブ，図（c）前後誤判定の例を示す。図（c）では，0°の実音源をしばしば180°付近に知覚し，30～90°の実音源を120～150°付近に知覚している。この被験者は，上半球正中面内の音源に対して音像を上方に知覚することがほとんどない。

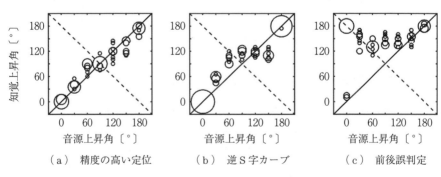

**図 A.3** 実音源による正中面内の音像定位

## A.1.3 方向知覚の弁別閾

ヒトは音源方向がどの程度異なると音像方向の違いを知覚するのだろうか。図 A.4 に白色雑音に対する正中面，水平面，横断面における方向知覚の弁別閾を示す[1]。正中面では前方では小さく（およそ 5°以下），上方で大きくなり（6～25°），後方では再び小さくなる（10°以下）。水平面では前方と後方では小さく（1°程度），側方で大きくなる（5～10°程度）。横断面では，上方では小さいが（1°程度），側方ではやや増加する（1～4°）。

つまり，前方上方後方では上下方向の違いに比べて左右方向の違いを知覚しやすく，側方では前後方向の違いに比べて上下方向の違いを知覚しやすい。

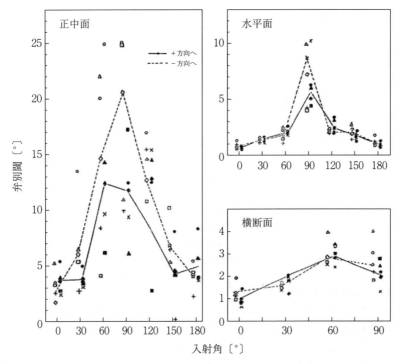

図 A.4　白色雑音に対する正中面，水平面，横断面での方向知覚の弁別閾[1]

## A.2 音波の伝達経路

音源から発せられた音波が空間を伝達して受聴者の鼓膜に届くまでの経路を考える。ある空間に1つの音源と1名の受聴者がいることを想定すると，音波の経路は**図A.5**のように，空間インパルス応答，受聴者の頭部インパルス応答，および受聴者の外耳道インパルス応答により記述することができる。各インパルス応答について順に説明する。

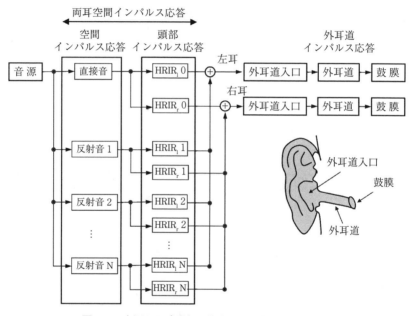

**図A.5** 音源から受聴者の鼓膜までの音波の伝達経路

### A.2.1 空間インパルス応答

まず，受聴者がいない状態において，音源から頭部中心に相当する1点（受音点）までの音波の伝達経路を考える。例えば，音源から1本の無指向性マイクロホンまでの伝達経路を想定してほしい。受音点には，**図A.6**に示すように直接音と壁や天井などを経由した反射音群が到来する。このような伝達過程を時間軸で表現したものを**空間インパルス応答**（room impulse response, **RIR**）と呼ぶ。模式的には**図A.7**のように表され，初期反射音は離散的に到達し，後期反射音（残響音）はそれぞれの振幅は小さいが時間的には密に到達する。空間インパルス応答は，空間の形状，壁面など

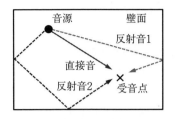

図 A.6 音源から受音点への伝達経路

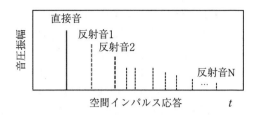

図 A.7 空間インパルス応答の模式図

の境界面の反射特性，および音源と受音点の位置関係で決定される。空間インパルス応答の応答長は，通常の室内ではおおむね数百ミリ秒から数秒の範囲にある。

### A.2.2　頭部インパルス応答

つぎに受聴者の影響を考える。図 A.6 および A.7 に示した直接音や反射音は，受聴者の頭や耳介による影響を受けて左右の外耳道入口（2 つの受聴点）に到達する。このような，頭部による入射波の物理特性の変化を時間軸で表現したものを**頭部インパルス応答**（head-related impulse response, **HRIR**）と呼ぶ。

図 A.8 に受聴者の右側方 60° 方向から音波が入射した場合の頭部インパルス応答の測定例を示す。左右の頭部インパルス応答を比較すると，右耳の頭部インパルス応答は左耳と比較して時間的に早く立ち上がり，振幅も大きい。このように，頭部インパルス応答により，入射方向に応じて，左右の外耳道入口に到達する音波に時間差とレベル差が生じる。音波が受聴者の側方から到来する場合にこれらの差は大きくなる。この時間差とレベル差が両耳間時間差および両耳間レベル差である（2 章参照）。

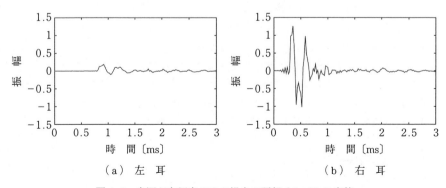

図 A.8　音源が右側方 60° の場合の頭部インパルス応答

### A.2.3 両耳空間インパルス応答

空間インパルス応答と頭部インパルス応答を併せた応答,つまり音源から外耳道入口までの伝播過程を時間軸で表現したものを**両耳空間インパルス応答**(binaural room impulse response, **BRIR**)と呼ぶ。BRIR は左右の耳それぞれで定義される。図 A.6 および図 A.7 に対応する伝達経路および両耳空間インパルス応答の模式図を**図 A.9** および**図 A.10** に示す。この場合,直接音は受聴者の正面から到来するので,左右の BRIR において同じ時間に同じ音圧振幅で到達する。しかし,反射音 1 は受聴者の右側方から到来するため,右耳での到達時間および音圧振幅は左耳と比べて早く大きくなる。また,反射音 2 は左側方から到来するため,反射音 1 と逆の振舞いをする。

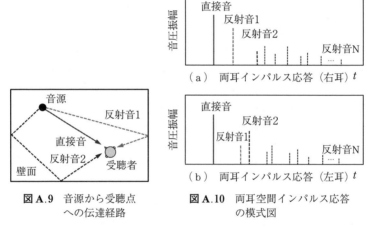

図 A.9 音源から受聴点への伝達経路

図 A.10 両耳空間インパルス応答の模式図

### A.2.4 外耳道インパルス応答

外耳道入口に届いた音波は,外耳道を通って鼓膜に到達する。外耳道は直径 7 〜 8 mm,長さ約 25 mm の管であり,約 17 kHz 以下の周波数では 1 次元音場とみなせる。したがって,外耳道内の伝搬特性は音波の入射方向に依存せず一定である。また,外耳道は鼓膜で終端した一端閉一端開の管であるため,1/4 波長が管長と一致する周波数,すなわち 3 〜 4 kHz で共振が生じる。その結果,鼓膜では入射方向に関わらずこの周波数で音圧が 10 dB 程度増幅される。これが P1 である(3.5.2 項参照)。

### A.2.5 伝達経路のまとめ

音源から発せられた音波は,空間インパルス応答で表される直接音および多数の反射音として受聴者の頭部近傍に入射する。これらの入射音は頭部インパルス応答の影響を受けて左右の外耳道入口に届き,外耳道を経て受聴者の鼓膜に到達する。

さて，ここまで音の伝搬過程をインパルス応答（時間領域）により説明してきたが，これはもちろん伝達関数（周波数領域）でも表現することができる。頭部インパルス応答により両耳間時間差と両耳間レベル差は確認できるものの，それ以上詳しい物理的特徴をつかむことは容易ではない。むしろ，周波数領域で表したほうが物理的な意味がよく理解できる。これが頭部伝達関数を用いて議論を進める理由である。

## A.3 第1波面の法則

2章の図2.12に示したステレオ配置の2つのスピーカで，同一信号を同時に同レベルで放射すれば音像は正面に生じる。ここで，片方の信号に遅れ時間を加えると，音像は遅れ時間に応じて先に信号を放射しているスピーカのほうへ徐々に移動し，遅れ時間が約1 msになると，先に放射しているスピーカの方向に生じる。さらに，ある程度まで遅れ時間が増加しても，音像は先に放射したスピーカ方向のままである。

このように，先行音と後続音が異なる方向からある時間間隔で入射した場合，受聴者は先行音の入射方向にのみ音像を知覚する。この現象に関する実験結果は1950年前後に相次いで報告され[2~4]，**第1波面の法則**（the low of the first wave front），あるいは**先行音効果**（the precedence effect）と呼ばれている。この法則が成立する範囲内であれば，音像の方向を先行音方向に保ちながら後続音により受聴音圧を増強することが可能である。この原理の代表的な応用例として，デルタステレオフォニーシステム[5]が知られている。

第1波面の法則が成立する最小遅れ時間は合成音像との境界，すなわち約1 msである。一方，この法則が成立する最大遅れ時間については，さまざまな観点から研究が進められてきた。遅れ時間が増加すると，音像には方向をはじめさまざまな属性の変化が生じる。また，その変化は遅れ時間だけでなく，先行音と後続音の音圧レベル，入射方向などに依存する。本来，第1波面の法則の上限を決定する現象は音像の空間的な分離である。すなわち，音像が先行音の方向だけに知覚される状態から，先行音と後続音の双方に音像が分離して知覚されるように変化する点が，この法則の成立上限である。しかし，歴史的には，成立上限として，エコー検知限，エコーディスターバンス，音像の分離の3つについて研究が進められてきた。それぞれについて簡単にまとめる。

### A.3.1 エコー検知限

エコー（echo）とは直接音のあとに，それとは時間的に分離して聴こえる反射音のことをいう。従来，音像の空間的な分離を直接扱った研究はなく，**エコー検知限**（echo threshold）が第1波面の法則の成立する上限であると考えられていた。エコー

検知限は，これまでに多くの研究者が実験により求めている（**図A.11**，○印）。しかし，コンサートホールなどで実際にスピーチを聴いている場合の目的音は直接音であるのに対して，エコー検知限の実験においては，目的音は反射音であり，被験者の意識は反射音に集中している。このような実験では実際の聴取状態と比較すると過度に厳しく判定していると考えられる。

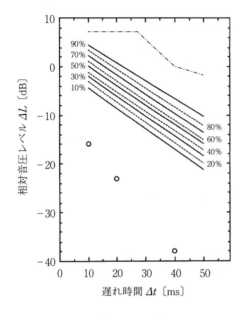

**図A.11** 直接音に対する単一反射音の遅れ時間，および相対音圧レベルと10％エコーディスターバンス（一点鎖線），エコー検知限（○），音像の分離（実線および破線）の関係[6]

### A.3.2 エコーディスターバンス

音像の分離と類似した現象の1つとして**エコーディスターバンス**（echo disturbance）がある。先行音に対する後続音の遅れ時間および相対音圧レベルとディスターバンスの関係を表す**等パーセントディスターバンス曲線**が提案されている[7]。それによると，直接音に対する後続音の遅れ時間がおおよそ50 ms 以内であれば，直接音と同等の音圧レベルの後続音が到来しても，ほとんど直接音の聴取の妨害とはならない（図A.11，一点鎖線）。また，遅れ時間が50 ms 以内であれば後続音の音圧レベルが先行音に対して相当大きい場合でも，うるささ（annoying）は知覚されないと報告されており[4]，これは**ハース効果**（Haas effect）として知られている。

### A.3.3 音像の空間的な分離

直接音と単一反射音で構成される音場を用いて，日本語のスピーチを音源とした場合の音像の空間的な分離の割合，つまり**パーセントスプリット**（％-split）が求めら

れている[6]。先行音に対する後続音の相対音圧レベルが一定であれば，遅れ時間が大きくなるに従って音像は分離しやすくなり，音像の分離の割合を一定にするためには，後続音の遅れ時間 1 ms の増加に対して，相対音圧レベルを約 0.4 dB 減少させる必要がある（図 A.11，実線および破線）。また，10％スプリットとなる場合の後続音の相対音圧レベルをエコー検知限と比較すると，前者は後者より 10 dB 以上大きく，両者の差は遅れ時間が増加するに従って大きくなる。したがって，後続音の相対音圧レベルが従来のエコー検知限を超えても，音像が分離して知覚されるわけではない。また，90％スプリットとなる場合の後続音の相対音圧レベルを従来報告されている 10％ディスターバンスと比較すると，前者は後者より 3 dB 以上小さい。つまり，後続音の相対音圧レベルがエコーディスターバンスとはならない程度であっても，音像は分離する場合がある。

以上の結果より，第 1 波面の法則の適用限界に関する音像の分離は，エコー検知ともエコーディスターバンスとも異なる現象であり，第 1 波面の法則の適用限界はパーセントスプリットにより規定するのが妥当であるといえる。

## A.4　室内音響の予測方法

コンサートホールなどの音響設計をするうえで，インパルス応答や室内音響評価指標が目標としている状態になるか否かを予測する手法はたいへん有益である。また，エコーなどの音響的な障害の発生を未然に防止するうえでも，音場の予測手法は重要である。

音場の予測手法は，コンピュータを用いた数値計算と縮尺模型を用いた測定の 2 種類に大別される[8]~[13]。それぞれの概略を述べる。

### A.4.1　コンピュータシミュレーション

音場のコンピュータシミュレーションは，音の波動性を考慮せず光のように伝搬すると仮定する幾何音響シミュレーションと，音の波動性を考慮する波動音響シミュレーションがある。いずれの方法においても，室の形状をワイヤーフレームモデルなどで作成し，各面に建築材料に応じた吸音率を与えることにより，コンピュータ内に室を構築する。

〔1〕　虚像法（鏡像法）

虚像法（image method）では，音源から放射された音が壁面に入射すると，入射角＝反射角となる方向にのみ反射波が放射されるという考え方で虚像（虚音源）を求める。

図 A.12 に示すように，各壁面（太線）に対して音源と対称な位置（一点鎖線）に

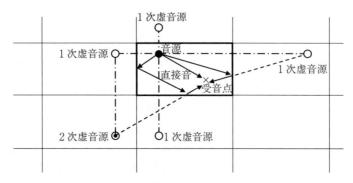

**図 A.12** 2次元平面での虚像法の例。すべての1次虚音源○と2次虚音源の1つ◉を示す。また,直接音のほかに1次反射音と2次反射音の経路をそれぞれ1本ずつ示す。

1次虚音源を求める。この2次元平面の例では,4つの1次虚音源が求められる。つぎに,1次虚音源を音源と見立てて,各壁面に対して対称な位置に2次虚音源を求める。同様にして,さらに高次の虚音源が求められる。

各虚音源から球面波が放射されると考えて,受音点までの経路(破線)を求める。壁面と交差する点が反射点である。経路長から到達時間および距離減衰を求め,さらに壁面の吸音率を考慮して,受音点に入射する時間,相対音圧振幅,方向を算出する(**図 A.13**)。あらかじめ反射次数の上限値を与えておくことにより計算を終了する。

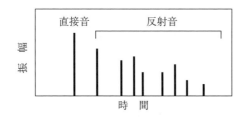

**図 A.13** 虚像法で求めた入射音系列の例

虚像法は波動性を考慮していないので,壁面が音波の波長に比べて十分に大きい場合しか精度が保てない。すなわち,高い周波数の音については比較的精度が高いが,低い周波数では波動現象(回折など)を考慮していないことによる誤差が生じる。また,時間的に初期の反射音については比較的容易に求められるが,後期残響音については,反射次数を上げて対応する必要があり,計算時間が指数関数的に増大するという問題がある。

〔2〕**音 線 法**

**音線法**(ray tracing method)は,**図 A.14**に示すように,音源から等立体角で多数

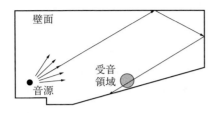

**図 A.14** 音線法の概念図

の音線を放射し，それぞれの音線の反射経路を追跡する方法である．虚像法と同様に，壁面に入射した音線は入射角＝反射角となる方向に進む．追跡時間が長くなるほど音線の間隔は広がるので，受音点ではなく球形をした受音領域を設定し，そこを通過する音線を入射音とみなす．あらかじめ放射する音線数と追跡時間を与えておくことにより，計算の打切りを決定する．音線法の場合も，虚像法と同様に低い周波数の予測精度が問題となる．虚像法と比較して，時間的に後期の反射音まで追跡できるという利点があるが，多くの音線を放射する必要があるという欠点がある．

〔3〕 **波動音響シミュレーション**

波動性を考慮した数値計算法として，**有限要素法**（finite element method, **FEM**）や**境界要素法**（boundary element method, **BEM**）が室内音場の予測手法として検討されてきた．また，最近は**時間領域有限差分法**（finite difference time domain method, **FDTD法**）を適用する試みもある．しかし，高周波数領域まで扱おうとすると，非常に小さい要素を多数用いて室をモデル化する必要がある．

### A.4.2 縮尺模型実験

設計図面を基に**縮尺模型**（scale model）を作製し，模型内で音響測定を行うことにより，音場の特性を確認する手法である．模型の縮尺を $1/n$ とすると，実物と模型が物理的に相似になるためには，模型の中での周波数は実物の $n$ 倍となっている必要がある．したがって，模型の壁面の吸音率は $n$ 倍の周波数で実物のそれと合わせる必要がある．

模型内で特性を測定するための音源信号の周波数も $n$ 倍にするので，放電パルスや高音用スピーカなどを用いる．音の空気吸収も相似化するために，模型内の空気を窒素で置換する場合もある．

縮尺模型実験は現時点でのコンピュータシミュレーションと比べると予測精度は高いが，設計案や境界条件の変更に即応する面では難がある．音響設計の精度を向上するには，両者の利点を把握して使い分ける必要がある．

## A.5 フーリエ変換

時間領域で表現された信号を周波数領域に変換する方法の1つにフーリエ変換がある。そもそもヒトが聴いている音は時間領域の信号であり，それを分析したり処理したりするうえで利点があるために周波数領域に変換しているのである。頭部伝達関数も直接測定できるわけではなく，まず頭部インパルス応答を求めて，それを周波数領域に変換している。したがって，頭部伝達関数を扱うにあたって，フーリエ変換は最も重要な概念の1つである[14)～15)]。

### A.5.1 離散フーリエ変換

**フーリエ変換**（Fourier transform）は，時間領域の連続信号を周波数領域に写す変換であり，以下のように表される。

$$X(f) = \int_{-\infty}^{\infty} x(t) e^{-j2\pi ft} dt \tag{A.1}$$

$$x(t) = \frac{1}{2\pi} \int_{-\infty}^{\infty} X(f) e^{j2\pi ft} df \tag{A.2}$$

ここで，式 (A.1) がフーリエ変換，式 (A.2) が逆フーリエ変換である。

つぎに，これを離散信号に適用することを考える。以下のように，$t$ と $f$ をそれぞれ 0 から $N-1$ までの $N$ 個の整数 $n$ と $k$ に置き換える。

$$t = n \Delta t \tag{A.3}$$

$$f = \frac{k f_s}{N} \tag{A.4}$$

ここで，$\Delta t$ はサンプリング間隔，$f_s$ はサンプリング周波数である。

これを式 (A.1)，(A.2) に適用すると

$$X(k) = \sum_{n=0}^{N-1} x(n) e^{\frac{-j2\pi kn}{N}} \tag{A.5}$$

$$x(n) = \frac{1}{N} \sum_{k=0}^{N-1} X(k) e^{\frac{j2\pi kn}{N}} \tag{A.6}$$

となる。これを**離散フーリエ変換**（discrete fourier transform, **DFT**）および逆変換という。

離散フーリエ変換をした結果は複素数となるから，各離散周波数 $k$ における振幅と位相はそれぞれつぎのようにして求められる。

$$|X(k)| = \sqrt{(\mathrm{Re}(X(k)))^2 + (\mathrm{Im}(X(k)))^2} \tag{A.7}$$

$$\angle X(k) = \tan^{-1}\left(\frac{\mathrm{Im}(X(k))}{\mathrm{Re}(X(k))}\right) \tag{A.8}$$

## A.5.2 高速フーリエ変換

このようなフーリエ変換は演算量が多く,式(A.5)では$N^2$回の乗算と加算が必要になる。これに対し,$N$が2のべき乗である場合は,演算過程で分解と置き換えを行うことにより,$\frac{N}{2}\log_2 N$〔回〕の乗算と$N\log_2 N$〔回〕の加算で済む**高速フーリエ変換**(fast fourier transform, **FFT**)が考案され,広く使われている。

高速フーリエ変換を用いて純音の周波数分析を行うサンプルプログラム(Scilab)を図 **A**.15 に,その結果として出力した周波数振幅特性および周波数位相特性を図 **A**.16 に示す。また,入力信号として音楽を用いた場合のサンプルプログラムと分析結果を図 **A**.17,図 **A**.18 に示す。

```
clear
fs = 48000;     //サンプリング周波数
T = 1/fs;       //サンプリング周期
frq = 1000;     //周波数
P = 10;         //振幅
ph0 = %pi/2;    //初期位相
nsmp = 480;     //表示サンプル数

t = [0:1:nsmp-1]*T;

// ----- sin 信号の生成 ----- //
y = P*cos(2*%pi*frq*t + ph0);

// ----- FFT ----- //
z = fft(y);

// ----- 振幅算出 ----- //
amp = sqrt(real(z)^2 + imag(z)^2)./(nsmp/2);

// ----- 位相算出 ----- //
ph(1:nsmp) =0;
for i = 1: nsmp
    if abs(z(i))> max(abs(z))*10^-10;
        ph(i)= 180/%pi*atan(imag(z(i)),real(z(i)));
    end
end

// ----- 図示 ----- //
ff = fs*[0:nsmp/2-1]/nsmp;
clf
subplot (311); plot2d(t,y); plot([0 max(t)],[0 0],'--k')
```

図 **A**.15 高速フーリエ変換を用いた純音の周波数分析プログラム

```
xlabel('時間(s)'); ylabel('振幅')
subplot(312); plot2d3(ff,amp(1:nsmp/2));
square(0,min(amp),fs/2,max(amp));
xlabel('周波数(Hz)'); ylabel('振幅');
subplot(313); plot2d3(ff,ph(1:nsmp/2));plot([0 max(ff)],[0 0],'k')
xlabel('周波数(Hz)'); ylabel('位相(deg.)')
square(0,-180,fs/2,180);
h=gca();
h.y_ticks=tlist(['ticks','locations','labels'],
[-180,-135,-90,-45,0,45,90,135,180],
['-180','-135','-90','-45','0','45','90','135','180']);
```

図 A.15 (つづき)

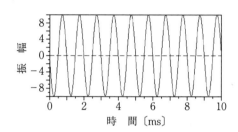

(a) 純音の時間特性

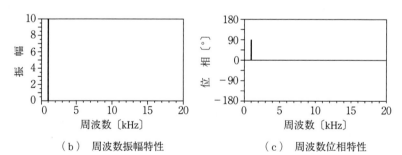

(b) 周波数振幅特性 　　　　　(c) 周波数位相特性

図 A.16 純音の時間特性，周波数振幅特性，および周波数位相特性

```
clear
// ----- 音源読み込み (1ch) ----- //
[x,fs,bit]=wavread('music.wav');
nsmp=length(x);
T = 1/fs;      // サンプリング周期
t = [0:nsmp-1]*T;
// ----- FFT ----- //
X = fft(x);
// ----- 振幅 (dB) 算出 ----- //
amp_dB = 20*log10(abs(X));
// ----- 位相算出 ----- //
ph(1:nsmp) =0;
for i = 1: nsmp
     if abs(X(i))>max(abs(X))*10^-10;
          ph(i)= 180/%pi*atan(imag(X(i)),real(X(i)));
     end
end
// ----- 図示 ----- //
ff = fs*[0:nsmp/2-1]/nsmp;
clf
subplot (311); plot2d(t,x),;
xlabel('時間 (s)'); ylabel('振幅')
subplot (312); plot2d(ff,amp_dB(1:nsmp/2));
square(0,min(amp_dB),fs/2,max(amp_dB))
xlabel('周波数 (Hz)'); ylabel('振幅 (dB)');
square(0, -100,fs/2,50);
subplot (313); plot2d3(ff,ph(1:nsmp/2));
xlabel('周波数 (Hz)'); ylabel('位相 (deg.)')
square(0,min(ph),fs/2,max(ph))
h=gca();
h.y_ticks=tlist(['ticks','locations','labels'],
[-180,-135,-90,-45,0,45,90,135,180],
['-180','-135','-90','-45','0','45','90','135','180']);
```

図 A.17　高速フーリエ変換を用いた音楽の周波数分析プログラム

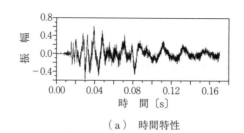

(a) 時間特性

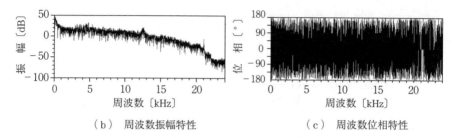

(b) 周波数振幅特性　　　　　　　(c) 周波数位相特性

図 A.18　ある音楽信号の時間特性，周波数振幅特性，および周波数位相特性

## A.6　時　間　窓

**時間窓**（time window）は，時間軸上の信号から必要な部分だけを切り取るために用いられる。しかし，時間窓そのものの特性が信号の分析結果に影響を与え，本来の周波数成分である**メインローブ**（main lobe）のほかに，元の信号にはない成分の**サイドローブ**（side lobe）が現れる。サイドローブのレベルが低く（ダイナミックレンジが広く），メインローブの幅が狭い（周波数分解能が高い）特性を持つ時間窓が望まれるが，一般的にこれらはトレードオフの関係にある。ここでは，これまでに考案されている代表的な時間窓とその特性を紹介する。

### A.6.1　矩　形　窓

**矩形窓**（rectangular window）は次式で表される。周波数分解能は高いが，サイドローブのレベルが高い（**図 A.19**）。

$$w(n) = \begin{cases} 1 & 0 \leq n \leq N-1 \\ 0 & （その他） \end{cases} \tag{A.9}$$

A.6 時間窓　　219

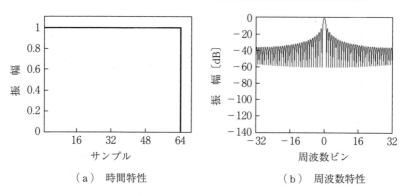

（a）時間特性　　　　　　　　（b）周波数特性

図 A.19　矩形窓の時間特性と周波数特性

### A.6.2 ハニング窓

**ハニング窓**（Hanning window）は最もよく使われる時間窓の1つである（**図 A.20**）。

$$w(n) = \begin{cases} 0.5 - 0.5\cos\left(\dfrac{2\pi n}{N}\right) & 0 \leq n \leq N-1 \\ 0 & \text{(その他)} \end{cases} \tag{A.10}$$

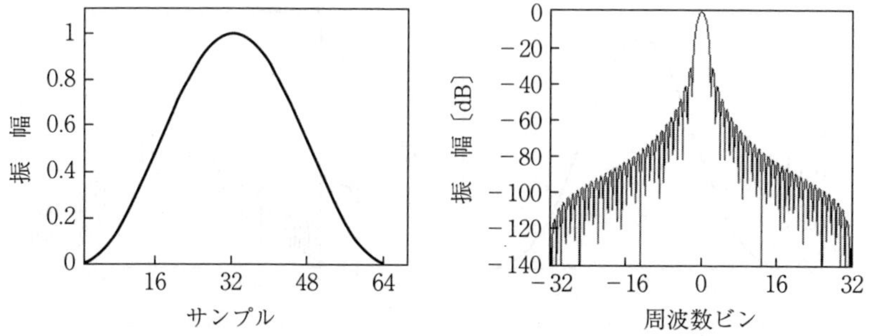

（a）時間特性　　　　　　　　（b）周波数特性

図 A.20　ハニング窓の時間特性と周波数特性

### A.6.3 ハミング窓

**ハミング窓**（Hamming window）は，ハニング窓と並び，最もよく使われる窓関数の1つである。ハニング窓より周波数分解能は高いが，ダイナミックレンジは狭い。区間の両端で不連続である（**図 A.21**）。

$$w(n) = \begin{cases} 0.5 - 0.46\cos\left(\dfrac{2\pi n}{N}\right) & 0 \leq n \leq N-1 \\ 0 & \text{(その他)} \end{cases} \tag{A.11}$$

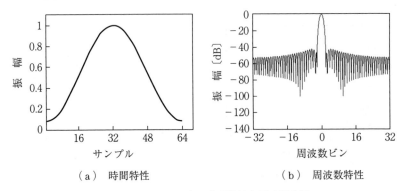

(a) 時間特性 　　　　　　　(b) 周波数特性

**図 A.21**　ハミング窓の時間特性と周波数特性

### A.6.4　ブラックマン窓

**ブラックマン窓**（Blackman window）は，ハニング窓やハミング窓より周波数分解能が悪いが，ダイナミックレンジは広い（**図 A.22**）。

$$w(n) = \begin{cases} 0.42 - 0.5\cos\left(\frac{2\pi n}{N}\right) + 0.08\cos\left(\frac{4\pi n}{N}\right) & (0 \leq n \leq N-1) \\ 0 & （その他） \end{cases} \quad (A.12)$$

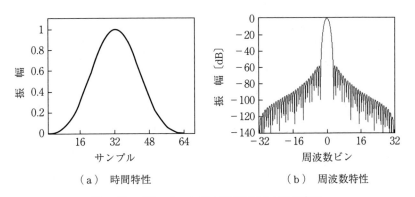

(a) 時間特性 　　　　　　　(b) 周波数特性

**図 A.22**　ブラックマン窓の時間特性と周波数特性

### A.6.5　ブラックマン-ハリス窓

**ブラックマン-ハリス窓**（Blackman–Harris window）はサイドローブが最小限に抑えられ，ダイナミックレンジが広い（**図 A.23**）。

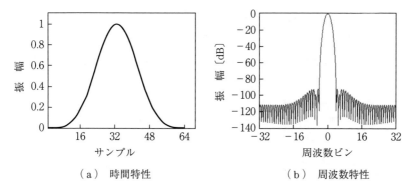

(a) 時間特性　　　　　　　　(b) 周波数特性

**図 A.23** ブラックマン-ハリス窓の時間特性と周波数特性

$$w(n) = \begin{cases} 0.35875 - 0.48829\cos\left(\frac{2\pi n}{N}\right) + 0.14128\cos\left(\frac{4\pi n}{N}\right) \\ -0.01168\cos\left(\frac{6\pi n}{N}\right) \quad (0 \leq n \leq N-1) \\ 0 \quad\quad\quad\quad\quad\quad\quad\quad （その他） \end{cases} \quad (A.13)$$

時間窓をかけて信号を切り取るサンプルプログラム（Scilab）を**図 A.24** に示す。また，音源信号のスペクトルと窓処理後のスペクトルを**図 A.25** に示す。

```
clear
N = 2^11 ; // 窓長
N=N;
//----- 矩形窓算出 -----//
for i=1:N
     RECTANGULAR(i) = 1;
end

//----- ハニング窓算出 -----//
if modulo(N,2)==0
     for i=1:N
          HANNING(i) = 0.5-0.5*cos(2*%pi*(i-1)/(N-1));
     end
else
     for i=1:N
          HANNING(i) = 0.5-0.5*cos(2*%pi*(i-0.5)/(N-1));
     end
end
```

**図 A.24** 時間窓処理のサンプルプログラム

```
//----- ハミング窓算出 -----//
if modulo(N,2)==0
      for i=1:N
            HAMMING(i) = 0.54-0.46*cos(2*%pi*(i-1)/(N-1));
      end
else
      for i=1:N
            HAMMING(i) = 0.54-0.46*cos(2*%pi*(i-0.5)/(N-1));
      end
end
//----- ブラックマン窓算出 -----//
if modulo(N,2)==0
      for i=1:N
            BLACKMAN(i)=0.42-0.5*cos(2*%pi*(i-1)/
            (N-1))+0.08*cos(4*%pi*(i-1)/(N-1));
      end
else
      for i=1:N
            BLACKMAN(i)=0.42-0.5*cos(2*%pi*(i-0.5)/
            (N-1))+0.08*cos(4*%pi*(i-0.5)/(N-1));
      end
end

//----- ブラックマンハリス窓算出 -----//
if modulo(N,2)==0
      for i=1:N
            BLACKMAN_HARRIS(i)=0.35875-
0.48829*cos(2*%pi*(i-1)/
(N-1))+0.14128*cos(4*%pi*(i-1)/(N-1))-0.01168*cos(6*%pi*(i-1)/
(N-1));
      end
else
      for i=1:N
            BLACKMAN_HARRIS(i)=0.35875-0.48829*cos(2*%pi*(i-0.5)/
(N-1))+0.14128*cos(4*%pi*(i-0.5)/(N-1))-
0.01168*cos(6*%pi*(i-0.5)/
(N-1));
      end
end

//----- 音源読込 -----//
[x,fs] = wavread('music.wav');
X = fft(x);
XdB=20*log10(abs(X));
```

図 A.24 (つづき)

## A.6 時間窓

```
//----- 窓かけ処理 -----//
for i = 1:N
x1(i) = x(i) .* RECTANGULAR(i);
x2(i) = x(i) .* HANNING(i);
x3(i) = x(i) .* HAMMING(i);
x4(i) = x(i) .* BLACKMAN(i);
x5(i) = x(i) .* BLACKMAN_HARRIS(i);
end


//----- 振幅スペクトル算出 -----//
X1 = fft(x1);
X2 = fft(x2);
X3 = fft(x3);
X4 = fft(x4);
X5 = fft(x5);
X1dB = 20*log10(abs(X1));
X2dB = 20*log10(abs(X2));
X3dB = 20*log10(abs(X3));
X4dB = 20*log10(abs(X4));
X5dB = 20*log10(abs(X5));
ff = fs.*[0:N/2-1]/N
//----- 図示 -----//
clf
subplot(321);plot2d(fs*[0:(length(x)/2-1)]/
length(x),XdB(1:length(x)/2));
xlabel('周波数(Hz)');ylabel('振幅(dB)');square(0,-80,fs/2,60);
subplot(322);plot2d(ff,X1dB(1:N/2));
xlabel('周波数(Hz)');ylabel('振幅(dB)');square(0,-80,fs/2,60);
subplot(323);plot2d(ff,X2dB(1:N/2));
xlabel('周波数(Hz)');ylabel('振幅(dB)');square(0,-80,fs/2,60);
subplot(324);plot2d(ff,X3dB(1:N/2));
xlabel('周波数(Hz)');ylabel('振幅(dB)');square(0,-80,fs/2,60);
subplot(325);plot2d(ff,X4dB(1:N/2));
xlabel('周波数(Hz)');ylabel('振幅(dB)');square(0,-80,fs/2,60);
subplot(326);plot2d(ff,X5dB(1:N/2));
xlabel('周波数(Hz)');ylabel('振幅(dB)');square(0,-80,fs/2,60);
```

図 A.24　（つづき）

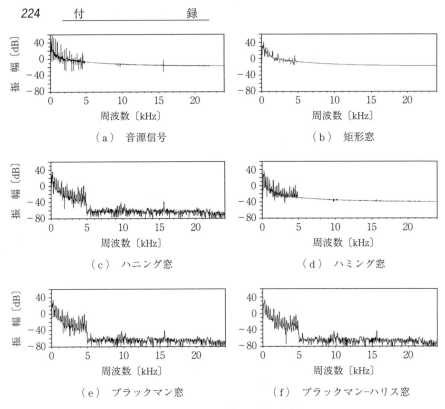

図 A.25 音源信号と窓処理後の信号の振幅スペクトル

## A.7 耳栓型マイクロホンの作成方法

頭部伝達関数を測定するうえで最も重要な器具はマイクロホンである。安全性,精度,3次元音響再生につながる理論的整備という点で,閉塞した外耳道入口で測定するのが妥当であり,耳栓型マイクロホンを用いるのがよい。ここでは,筆者の研究室で100例以上作成してきた耳栓型マイクロホンの作成方法とそのノウハウを紹介する。ただし,読者の方々には,それぞれの責任において,被験者の安全(外耳道や鼓膜の保護)に細心の注意を払って進めてほしい。

### A.7.1 耳型の作成

被験者の外耳道入口にぴったりフィットする耳栓型マイクロホンを作成するために,まず被験者の耳型を採取する。

## A.7 耳栓型マイクロホンの作成方法

〔1〕 材料と器具

1）オーダーメイド補聴器の逆型採取セット　　シリコン（ヒバフォルム），シリコン注入用注射器，耳栓，ライト付き耳栓挿入棒
2）正型作成ツール　　石膏（歯科用），加振器
3）そのほかの器具　　秤（0.1 g 精度），メスシリンダまたは計量カップ，スポイト，ゴム製のボウル，混ぜ棒，紙コップ，綿棒

〔2〕 逆型採取の手順

以下の手順で被験者の耳介の逆型を採取する。

1. 耳掃除をする。
2. 鼓膜にシリコンが届くのを防ぐために，取出し用の糸の付いた耳栓（図 A.26）を外耳道の中（入口から 5〜7 mm 程度の位置）にセットする。
3. 2 種類のシリコン（図 A.27）を 1：1 の割合（付属のスプーン 2 杯ずつが適量）でとり，手で素早く均一になるようにこねる。

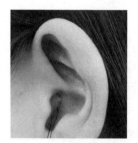

図 A.26　　　　　　図 A.27

4. こねたシリコンの 1/3 程度を丸めて注射器につめる。
5. 一気に耳介に注入する（図 A.28）。被験者の頭を横にして机の上に寝かせた状態にすると作業が楽である。

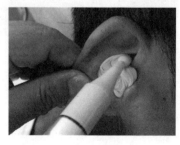

図 A.28　　　　　　図 A.29

6. 残りのシリコンで耳全体を覆う（**図 A.29**）。耳の裏やもみあげまでシリコンを伸ばして逆型を採ると，あとで石膏で正型を採りやすい。
7. シリコンが固まるのを待つ（室温にもよるが5〜7分程度）。
8. 固まったことを確認してシリコンを外す（**図 A.30**）。このとき，前方から少し外して空気を入れる（一気に外すと鼓膜にダメージを与える危険性がある）。

図 A.30

〔3〕 正型採取の手順

つぎに採取した逆型に石膏を流し込んで正型を作成する。

1. 水と石膏（**図 A.31**）を30〜60sくらいで素早く混ぜる。ケーキのスポンジ作りをイメージしてやさしく手早く軽やかに行う（**図 A.32**）。ゴム製のボウルを使うと作業がしやすい。

図 A.31

図 A.32

2. シリコンで採った逆型に石膏を流し込む。隙間や空気がなくなるように形を整える（**図 A.33**）。

## A.7 耳栓型マイクロホンの作成方法

図 A.33

図 A.34

3. 加振器で逆型に振動を与えて隙間にも石膏を入れる（**図 A.34**, **図 A.35**）。
4. 残りの石膏で形を整える。逆型の外耳道を石膏でしっかり覆う（**図 A.36**）。

図 A.35

図 A.36

5. 10 〜 20 分おいて固める。発熱した石膏が冷めるまで放置する。
6. シリコンをはがして石膏を取り出す（**図 A.37**, **図 A.38**）。

図 A.37

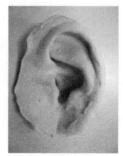

図 A.38

## A.7.2 マイクロホンの作成
〔1〕 材料と器具

耳栓型マイクロホンの作成に必要な材料と器具を以下に列挙する。

1）材料　マイクロホンユニット（例えばWM64AT102（Panasonic），FG3329（Knowles）など），リード線，ステレオミニプラグ，シリコン（ブルーミックス），はんだ，離型剤
2）器具　はんだごて，逆ピンセット，精密ドライバー

〔2〕 マイクロホンの準備

まず，マイクロホンにリード線を取り付ける。

1. リード線を30～40cmくらいに切る。
2. リード線の先端のビニルカバーを1～2mm切除し，その先端をはんだメッキする。
3. マイクロホンユニット（図 **A**.39，図 **A**.40）にリード線をはんだ付けする。このとき，逆ピンセットを用いるとマイクロホンユニットを固定しやすい（図 **A**.41，図 **A**.42）。はんだを当てる時間は1秒以内にすること。熱しすぎるとマイクロホンユニットが壊れる。

図 **A**.39

図 **A**.40

図 **A**.41

図 **A**.42

A.7 耳栓型マイクロホンの作成方法　　229

図 A.43

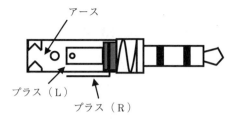

図 A.44

4. リード線の逆側をステレオミニプラグにはんだ付けする（**図 A.43**，**図 A.44**）。
5. この段階でマイクアンプにつないでマイクロホンの動作を確認する。

〔3〕　**耳栓型マイクロホンの作成**

準備した耳型とマイクロホンを用いて耳栓型マイクロホンを作成する。

1. 耳型（石膏）に離型剤 PVA を塗る。このあと流し込むシリコン（ブルーミックス）を取りやすくするためである。
2. 離型剤が乾いたらマイクロホンの位置を決める。マイクロホンユニットの振動板を外耳道入口にできるだけ合わせる。外耳道が小さい被験者の場合は少し前に出るようにする。
3. シリコン（ブルーミックス）を 1：1 で混ぜる。外耳道入口が小さい被験者の場合は青色を少なくして固めに作る。
4. 混ぜ合わせたら紙コップなどに移して耳型（石膏）に流し込む（**図 A.45**）。紙コップの先を細くすると耳型（石膏）に流し込みやすい。
5. 固まるまで 10 分程度待つ。
6. 精密マイナスドライバでブルーミックスごと周りから丁寧に取り出す（**図 A.46**）。

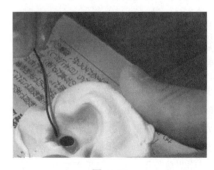

図 A.45

図 A.46

## A.8　96 kHz サンプリングによる頭部伝達関数

ヒトの可聴域の関係から，頭部伝達関数は 48 kHz サンプリングで測定されることが多かった．しかし，96 kHz や 192 kHz サンプリングの音源信号が出現し，これに対応する頭部伝達関数を準備する必要が出てきた．

96 kHz サンプリングの swept-sine 信号とツイータ（Fostex, FT28D）を用いて測定した正面方向の頭部伝達関数の例を図 A.47 に示す．実線は 96 kHz サンプリング，点線は 48 kHz サンプリングである．24 kHz よりも高い周波数帯域においても頭部伝達関数は急激に減衰するようなことはなく，おおむね可聴域と同様の音圧振幅を有し，ノッチやピークも多数存在している．

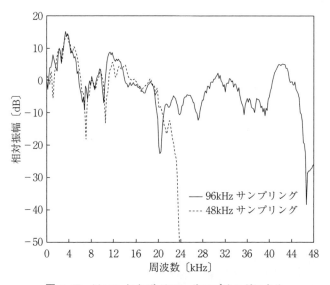

図 A.47　96 kHz および 48 kHz サンプリングによる正面方向の頭部伝達関数

図 A.48 に水平面の音源（0 〜 330°，30° 間隔）に対する右耳での頭部伝達関数の振幅特性を示す．正面方向と同様に，ほかの方向でも 24 kHz 以上の帯域にも成分があり，ノッチやピークが観察される．したがって，96 kHz サンプリングの音源に対して 3 次元音響再生を試みる場合は（この成分が聴こえるか否かは別として），少なくとも物理的には 24 kHz 以上を含んだ頭部伝達関数を用いるのが妥当であると考えられる．

A.8 96 kHz サンプリングによる頭部伝達関数

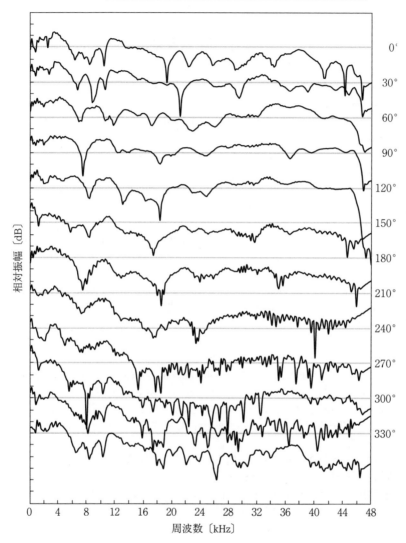

図 A.48　水平面の音源（0〜330°，30°間隔）に対する 96 kHz サンプリング頭部伝達関数の振幅特性（右耳）

# 引用・参考文献

1) 黒澤明，都木徹，山口善司：頭部伝達関数と方向弁別能力について，日本音響学会誌，**38**，pp.145–151（1982）
2) Cremer：Die wissenschaftlichen Grundlagen der Raumakustik, **1**, p.126, S. Hirzel（1948）
3) H. Wallach, E. B. Newman, and M. R. Rosenzweig：The precedence effect in sound localization, Am. J. Psychol., **52**, pp.315–336（1949）
4) H. Haas：Über den Einfluss eines Einfachechos auf die Hörsamkeit von Sprache, ACUSTICA, **1**, pp.49–58（1951）
5) G. Steinke：Delta stereophony——a sound system with true direction and distance perception for large multipurpose halls, J. Audio Eng. Soc., **31**, pp.500–511（1983）
6) M. Morimoto, K. Iida, and Z. Maekawa：A chart of %-split of sound image, J. Acoust. Soc. Jpn.(E), **11**, pp.157–160（1990）
7) R. H. Bolt and P. E. Doak：A tentative criterion for the short-term transient response of auditoriums, J. Acoust. Soc. Am., **22**, pp.507–509（1950）
8) 永田穂編著：建築音響，コロナ社（1988）
9) ハインリッヒ クットロフ著，藤原恭司，日高孝之訳：室内音響学——建築の響きとその理論——，市ヶ谷出版社（2003）
10) M. Vorlander：Auralization：Fundamentals of acoustics, modelling, simulation, algorithms and acoustic virtual reality, Springer-Verlag（2011）
11) 前川純一，森本政之，阪上公博：建築・環境音響学（第3版），共立出版（2011）
12) 上野佳奈子編著：コンサートホールの科学——形と音のハーモニー——，コロナ社（2012）
13) 佐藤史明，嶋田泰，日高新人，橘秀樹：室内音響模型実験におけるバイノーラル収録・再生法，日本音響学会建築音響研究会資料，AA-93-8（1993.2）
14) 城戸健一：ディジタルフーリエ解析（I）——基礎編——，コロナ社（2007）
15) 城戸健一：ディジタルフーリエ解析（II）——上級編——，コロナ社（2007）

# あとがき

　頭部伝達関数の基礎と3次元音響システムへの応用について，筆者の力の限りをつくして執筆した．

　改めて振り返ると，頭部伝達関数の研究が本格的に始まった1960年代からこの50年の間に，世界のさまざまな国の研究者が多くの研究成果を上げた．特に，頭部伝達関数の基礎についての知見はかなり蓄積されたといってよい．

　しかしながら，その応用面では大きなブレークスルーは見当たらない．現時点で，コンシューマ向けに実用化された本当の意味での3次元音響システムは，世界のどこにも存在しないといってよいだろう．その理由は，頭部伝達関数の個人差問題を克服できていないからである．

　Sottek and Genuit は1999年3月の DAGA meeting（Berlin）で以下のような Blauert のシナリオを紹介している[†]．

　Blauert showed a scenario on personalization of HRTF, "*A person who enters a multimedia shop is scanned by a camera and some instants later his/her individual HRTF set is ready to be sold for the use in advanced 3D applications*".

　その後，18年が経過しようとしているが，このシナリオはいまだ実現されていない．現時点では，残念ながら「特定の受聴者にしか実感できない3次元音響システム」の域を出ていない．

　一方で，頭部伝達関数の個人化方法の研究は活発に進められている（本書で取り上げた研究のほかにも世界中で多くのチャレンジがある）．いずれ，ス

---

[†] R. Sottek and K. Genuit：Physical modeling of individual head-related transfer functions, DAGA, Berlin（1999.3）

マートホンのカメラで撮影した頭部や耳介の画像から受聴者に適した頭部伝達関数が生成され，ネット経由で受聴者に届けられる日が訪れるだろう。これなら眼鏡を作るよりもずっと簡単である。

　折しも2016年はVR元年といわれ，3次元音響システムへの期待は高まっている。VRはエンターテインメントのみならず，専門性の高い教育・訓練，ヒトの知覚や認識の研究，ロボットや機器の高精度な制御，建築や都市の設計，臨場感の高いコミュニケーション，新しい芸術表現など，幅広い分野で社会や生活を向上発展させるポテンシャルを持っている。このような社会的要請を追い風にして「誰にでも実感できる3次元音響システム」は10年以内に実現できるのではないかと筆者は予想している。

　それでは，今後の研究の進展を楽しみにしていったん筆をおくことにする。

# 索引

## 【い】
一致モデル　24
因果律　175

## 【え】
エコー　209
エコー検知限　209
エコーディスターバンス　210
エンクロージャ　148

## 【お】
横断面　6
オーバラップ加算法　163, 194
音響中心　148
音源　4
音源距離　125
音源信号のスペクトル　56
音源方向探査システム　200
音場のコンピュータシミュレーション　211
音声了解度　140, 197
音線法　212
音像　4
　──の上昇　34
音像距離　125
音像定位　5

## 【か】
外耳道入口　3, 207
外耳道インパルス応答　208
外耳道音響インピーダンス　176

## 【か】
拡張現実　2
仮想現実　2
眼窩点　6

## 【き】
擬似頭　11, 74
逆S字カーブ　30, 204
逆 swept-sine 信号　145
キャビネット　148
球座標系　5
境界要素法　213
仰角　5
共鳴モード　50
虚音源　211
虚像法　211
距離知覚の手掛かり　126

## 【く】
空間インパルス応答　195, 206
空間的性質　4
空間的な補間　104

## 【け】
原音場　174, 184
原点　6

## 【こ】
後期反射音　206
合成音像　27, 116, 209
高速フーリエ変換　215
鼓膜　3
コーン状の混同　26

## 【さ】
再生音場　184
サイドローブ　218
三角窩　48
残響音　206

## 【し】
耳介　46
耳介形状　71, 86, 170
　──の類似度　83
耳介モデル　52
時間的性質　4
時間窓　150, 218
時間領域有限差分法　213
耳甲介腔　48
耳軸　6
耳軸座標系　5
耳珠　6
矢状面　6, 106, 116
システム遅延の検知限　192
実音源　203
質的性質　5
室の固有振動　52
舟状窩　48
縮尺模型　213
受聴音圧レベル　126
上オリーブ外側核　10, 26
上オリーブ内側核　10, 24
上昇角　6
上昇角知覚に関する弁別閾　66
初期反射音　206
振幅スペクトルの個人差　63

## 【す】

水平面 6
水平面定位の弁別閾 110
スプライン補間 104
スペクトラルキュー
 9, 13, 35, 43, 86, 110, 124, 154, 167
──の個人差 65
──の再学習 56
スペクトルの統合 44
スペクトルの微細構造 37

## 【せ】

正中面 6
節線 55
絶対不応期 25
先行音効果 209
前後誤判定 34, 204

## 【そ】

相反則 12, 151
側方角 6

## 【た】

第1波面の法則 209
代表的な受聴者の
 頭部伝達関数 78
卓越周波数帯域 13, 121
畳込み積分 156
ダミーヘッド 11, 74
単語了解度 141, 197
単耳スペクトル 44

## 【ち】

聴覚事象 4

## 【て】

定位モデル 108
ディジタルオーディオ
 インタフェース 191
手掛かりの統合 44

## 【と】

等距離音像 137
動的手掛かり 183
頭内定位 35
頭部インパルス応答 4, 207
頭部運動 9, 58
頭部形状の個人差 73
頭部伝達関数データベース
 91, 166
頭部伝達関数の位相特性 3
頭部伝達関数の個人化
 11, 82
頭部伝達関数の個人差 233
──の物理評価指標 92
頭部伝達関数の類似性 106
トランスオーラルシステム
 20, 31, 184

## 【の】

ノッチ 2, 18, 29, 53
ノッチ検知閾 43

## 【は】

背側蝸牛神経核 10, 58
ハース効果 210
パーセントスプリット 210
バーチカルモード 50
パニング 28
パラメトリック HRTF
 9, 10, 37, 111

## 【ひ】

ピーク 2, 18, 29, 50
標準頭部伝達関数 11, 74

## 【ふ】

フィルタマトリクス 185
複素スペクトル 162
ブラックマン-ハリス窓
 154, 220
フランクフルト水平面 6
フーリエ変換 4, 214

プローブマイクロホン
 8, 19, 148

## 【へ】

ヘッドトラッカ 183, 191
変動係数 72

## 【ほ】

方位角 5
方向決定帯域 13, 120
方向情報フィルタ 13, 124
方向知覚の弁別閾 205
防災放送システム 197
放射インピーダンス 176
ポジショントラッカ 191

## 【ま】

マスキング閾値 139

## 【み】

耳型 224
耳栓型マイクロホン
 144, 148, 178, 191, 224
耳入力信号 174

## 【め】

メインローブ 218

## 【ゆ】

有限要素法 213

## 【ら】

ラウドネス 126

## 【り】

離散フーリエ変換 214
両耳音圧 134
両耳間位相差 139
両耳間距離 24, 95
両耳間差キュー 110
両耳間時間差
 9, 23, 153, 207
──の個人化 95

# 索引　237

　　——の個人差　　　　67
　　——の弁別閾　　　　67
両耳間時間差モデル　　23
両耳間相互相関関数　153
両耳間レベル差
　　　　9, 23, 25, 153, 207
　　——の個人化　　　　98
　　——の個人差　　　　68
　　——の弁別閾　　　　69

両耳空間インパルス応答
　　　　　　　　195, 208
両耳信号の時間差算出機能
　　　　　　　　　　　24
両耳信号のレベル差
　　算出機能　　　　　26
両耳スペクトル　　　　43
両耳入力信号の包絡線　25
両耳マスキングレベル差 139

両耳明瞭度レベル差　　139

## 【れ】

連続測定法　　　　12, 151

## 【ろ】

ロバストな頭部伝達関数　78
ロングパスエコー　　　197

---

## 【A】

AR　　　　　　　　　　2
aural axis　　　　　　　　6

## 【B】

BEM　　　　　　12, 213
best-matching HRTF
　　　　　　　11, 87, 113
BILD　　　　　　　　139
Blackman-Harris window 220
BMLD　　　　　　　139
boosted band　　　13, 121
BRIR　　　　　　195, 208
BSPL　　　　　　134, 193

## 【C】

cone of confusion　　　 26

## 【D】

DCN　　　　　　　10, 58
directional band　　13, 120
DTF　　　　　　　　　84
dummy head　　　　　　11

## 【F】

FDTD法　　　12, 90, 213
FECヘッドホン　178, 199
FEM　　　　　　　　213
FFT　　　　　　161, 215
front-back error　　　　34

## 【H】

head-related transfer
　function　　　　　　1
horizontal plane　　　　6
HRIR　　　　　　4, 207
HRTF　　　　　　　　1

## 【I】

ILD　　　　　　　　　23
image method　　　　211
individualization　　　 82
inside-of-head localization 35
ITD　　　　　　　　　23

## 【K】

KEMAR　　　　　　　11

## 【L】

lateral angle　　　　　　6
lateralization　　　　　35
look-up table　　　　　56

## 【M】

M系列信号　　　12, 145
masked threshold　　 139
median plane　　　　　6

## 【N】

$N_0S_\pi$　　　　　　　　139
N1　　　9, 43, 54, 111, 156

N1周波数　　41, 65, 86
N2　　　9, 43, 111, 156
N2周波数　　41, 65, 86,
NFD　　　　　　　　93
$N_mS_m$　　　　　　　139

## 【O】

overlap-add method　163

## 【P】

P1　　　　　51, 156, 208
P1周波数　　　　 42, 66
P2　　　　　　　51, 156
P2周波数　　　　　　42
P3　　　　　　　　　52
PCA　　　　　10, 11, 85
PDR　　　　　　　　178
personalization　　　　82
pHRTF　　　　　　　37

## 【Q】

quadrant error　　　　85

## 【R】

random subjects　　　78
ray tracing method　212
RIR　　　　　　195, 206
rising angle　　　　　　6
RSD　　　　　　　　72

## 【S】

| | |
|---|---|
| sagittal plane | 6 |
| scale factor | 85 |
| scale model | 213 |
| Scilab | 146, 158, 215, 221 |
| SD | 92 |
| sound image | 4 |
| sound image localization | 5 |
| sound source | 4 |
| spectral cue | 35 |
| summing localization | 27 |
| swept-sine 信号 | 12, 145 |

## 【T】

| | |
|---|---|
| transaural system | 20 |
| transverse plane | 6 |
| typical subject | 78, 182 |

## 【V】

| | |
|---|---|
| vertical mode | 50 |
| VR | 2, 233 |

## 【数字】

| | |
|---|---|
| 1次聴覚野 | 24 |
| 3次元聴覚ディスプレイ | 191 |
| 96 kHz サンプリング | 230 |

―― 著者略歴 ――

**飯田　一博**（いいだ　かずひろ）
1984 年　神戸大学工学部環境計画学科卒業
1986 年　神戸大学大学院工学研究科博士前期課程修了（環境科学専攻）
1986 年　松下電器産業株式会社（現パナソニック株式会社）勤務
1993 年　神戸大学大学院工学研究科博士後期課程修了（環境科学専攻）
　　　　博士（工学）
2007 年　千葉工業大学教授
　　　　現在に至る


## 頭部伝達関数の基礎と 3 次元音響システムへの応用
Fundamentals of head-related transfer function and its application to 3-D sound system

Ⓒ 一般社団法人 日本音響学会 2017

2017 年 4 月 13 日　初版第 1 刷発行
2023 年 12 月 5 日　初版第 2 刷発行

| 検印省略 | 編　　者 | 一般社団法人 日本音響学会 |
|---|---|---|
| | 発 行 者 | 株式会社　コロナ社 |
| | | 代 表 者　牛来真也 |
| | 印 刷 所 | 萩原印刷株式会社 |
| | 製 本 所 | 牧製本印刷株式会社 |

112-0011　東京都文京区千石 4-46-10
発行所　株式会社　コ ロ ナ 社
CORONA PUBLISHING CO., LTD.
Tokyo Japan
振替 00140-8-14844・電話(03)3941-3131(代)
ホームページ https://www.coronasha.co.jp

ISBN 978-4-339-01133-3　C3355　Printed in Japan　　　（新宅）

本書のコピー，スキャン，デジタル化等の無断複製・転載は著作権法上での例外を除き禁じられています。
購入者以外の第三者による本書の電子データ化及び電子書籍化は，いかなる場合も認めていません。
落丁・乱丁はお取替えいたします。

# 音響学講座

(各巻A5判)

■日本音響学会編

| | 配本順 | | | | 頁 | 本体 |
|---|---|---|---|---|---|---|
| 1. | (1回) | 基礎音響学 | 安藤彰男編著 | | 256 | 3500円 |
| 2. | (3回) | 電気音響 | 菅木禎史編著 | | 286 | 3800円 |
| 3. | (2回) | 建築音響 | 阪上公博編著 | | 222 | 3100円 |
| 4. | (4回) | 騒音・振動 | 山本貢平編著 | | 352 | 4800円 |
| 5. | (5回) | 聴覚 | 古川茂人編著 | | 330 | 4500円 |
| 6. | (7回) | 音声(上) | 滝口哲也編著 | | 324 | 4400円 |
| 7. | (9回) | 音声(下) | 岩野公司編著 | | 208 | 3100円 |
| 8. | (8回) | 超音波 | 渡辺好章編著 | | 264 | 4000円 |
| 9. | (10回) | 音楽音響 | 山田真司編著 | | 316 | 4700円 |
| 10. | (6回) | 音響学の展開 | 安藤彰男編著 | | 304 | 4200円 |

# 音響入門シリーズ

(各巻A5判,○はCD-ROM付き,☆はWeb資料あり,欠番は品切です)

■日本音響学会編

| | 配本順 | | | 頁 | 本体 |
|---|---|---|---|---|---|
| ○A-1 | (4回) | 音響学入門 | 鈴木・赤木・伊藤 佐藤・菅木・中村 共著 | 256 | 3200円 |
| ○A-2 | (3回) | 音の物理 | 東山三樹夫著 | 208 | 2800円 |
| ○A-4 | (7回) | 音と生活 | 橘・田中・上野 横山・船場 共著 | 192 | 2600円 |
| | | 音声・音楽とコンピュータ | 誉田・足立・小林 小坂・後藤 共著 | | |
| | | 楽器の音 | 柳田益造編著 | | |
| ○B-1 | (1回) | ディジタルフーリエ解析(Ⅰ) ―基礎編― | 城戸健一著 | 240 | 3400円 |
| ○B-2 | (2回) | ディジタルフーリエ解析(Ⅱ) ―上級編― | 城戸健一著 | 220 | 3200円 |
| ☆B-4 | (8回) | ディジタル音響信号処理入門 | 小澤賢司著 | 158 | 2300円 |

(注:Aは音響学にかかわる分野・事象解説の内容,Bは音響学的な方法にかかわる内容です)

定価は本体価格+税です。
定価は変更されることがありますのでご了承下さい。

図書目録進呈◆

# 音響サイエンスシリーズ

(各巻A5判,欠番は品切です)

■日本音響学会編

| | | | 頁 | 本体 |
|---|---|---|---|---|
| 1. | 音色の感性学 ―音色・音質の評価と創造― ―CD-ROM付― | 岩宮 眞一郎編著 | 240 | 3400円 |
| 2. | 空間音響学 | 飯田一博・森本政之編著 | 176 | 2400円 |
| 3. | 聴覚モデル | 森 周司・香田 徹編 | 248 | 3400円 |
| 4. | 音楽はなぜ心に響くのか ―音楽音響学と音楽を解き明かす諸科学― | 山田真司・西口磯春編著 | 232 | 3200円 |
| 6. | コンサートホールの科学 ―形と音のハーモニー― | 上野 佳奈子編著 | 214 | 2900円 |
| 7. | 音響バブルとソノケミストリー | 崔 博坤・榎本尚也 原田久志・興津健二 編著 | 242 | 3400円 |
| 8. | 聴覚の文法 ―CD-ROM付― | 中島祥好・佐々木隆之 上田和夫・G.B.レメイン 共著 | 176 | 2500円 |
| 10. | 音場再現 | 安藤 彰男著 | 224 | 3100円 |
| 11. | 視聴覚融合の科学 | 岩宮 眞一郎編著 | 224 | 3100円 |
| 13. | 音と時間 | 難波 精一郎編著 | 264 | 3600円 |
| 14. | FDTD法で視る音の世界 | 豊田 政弘編著 | 258 | 4000円 |
| 15. | 音のピッチ知覚 | 大串 健吾著 | 222 | 3000円 |
| 16. | 低周波音 ―低い音の知られざる世界― | 土肥 哲也編著 | 208 | 2800円 |
| 17. | 聞くと話すの脳科学 | 廣谷 定男編著 | 256 | 3500円 |
| 18. | 音声言語の自動翻訳 ―コンピュータによる自動翻訳を目指して― | 中村 哲編著 | 192 | 2600円 |
| 19. | 実験音声科学 ―音声事象の成立過程を探る― | 本多 清志著 | 200 | 2700円 |
| 20. | 水中生物音響学 ―声で探る行動と生態― | 赤松 友成 木村 里子 共著 市川 光太郎 | 192 | 2600円 |
| 21. | こどもの音声 | 麦谷 綾子編著 | 254 | 3500円 |
| 22. | 音声コミュニケーションと障がい者 | 市川 熹・長嶋祐二編著 岡本 明・加藤直人 酒向慎司・滝口哲也共著 原 大介・幕内 充 | 242 | 3400円 |
| 23. | 生体組織の超音波計測 | 松川 真美 山口 匡編著 長谷川 英之 | 244 | 3500円 |

■以下続刊■

笛はなぜ鳴るのか 足立 整治著
―CD-ROM付―

骨伝導の基礎と応用 中川 誠司編著

定価は本体価格+税です。
定価は変更されることがありますのでご了承下さい。

図書目録進呈◆

# 音響テクノロジーシリーズ

(各巻A5判，欠番は品切です)

■日本音響学会編

| | | | 頁 | 本体 |
|---|---|---|---|---|
| 1. | 音のコミュニケーション工学<br>―マルチメディア時代の音声・音響技術― | 北脇 信彦編著 | 268 | 3700円 |
| 3. | 音の福祉工学 | 伊福部 達著 | 252 | 3500円 |
| 4. | 音の評価のための心理学的測定法 | 難波 精一郎<br>桑野 園子 共著 | 238 | 3500円 |
| 7. | 音・音場のディジタル処理 | 山﨑 芳男<br>金田 豊 編著 | 222 | 3300円 |
| 8. | 改訂 環境騒音・建築音響の測定 | 橘 秀樹<br>矢野 博夫 共著 | 198 | 3000円 |
| 9. | 新版 アクティブノイズコントロール | 西村正治・宇佐川毅<br>伊勢史郎・梶川嘉延 共著 | 238 | 3600円 |
| 10. | 音源の流体音響学<br>―CD-ROM付― | 吉川 茂<br>和田 仁 編著 | 280 | 4000円 |
| 11. | 聴覚診断と聴覚補償 | 舩坂 宗太郎著 | 208 | 3000円 |
| 12. | 音環境デザイン | 桑野 園子編著 | 260 | 3600円 |
| 14. | 音声生成の計算モデルと可視化 | 鏑木 時彦編著 | 274 | 4000円 |
| 15. | アコースティックイメージング | 秋山 いわき編著 | 254 | 3800円 |
| 16. | 音のアレイ信号処理<br>―音源の定位・追跡と分離― | 浅野 太著 | 288 | 4200円 |
| 17. | オーディオトランスデューサ工学<br>―マイクロホン，スピーカ，イヤホンの基本と現代技術― | 大賀 寿郎著 | 294 | 4400円 |
| 18. | 非線形音響<br>―基礎と応用― | 鎌倉 友男編著 | 286 | 4200円 |
| 19. | 頭部伝達関数の基礎と<br>3次元音響システムへの応用 | 飯田 一博著 | 254 | 3800円 |
| 20. | 音響情報ハイディング技術 | 鵜木祐史・西村竜一<br>伊藤彰則・西村 明 共著<br>近藤和弘・薗田光太郎 | 172 | 2700円 |
| 21. | 熱音響デバイス | 琵琶 哲志著 | 296 | 4400円 |
| 22. | 音声分析合成 | 森勢 将雅著 | 272 | 4000円 |
| 23. | 弾性表面波・圧電振動型センサ | 近藤 淳<br>工藤 すばる 共著 | 230 | 3500円 |
| 24. | 機械学習による音声認識 | 久保 陽太郎著 | 324 | 4800円 |
| 25. | 聴覚・発話に関する脳活動観測 | 今泉 敏編著 | 194 | 3000円 |
| 26. | 超音波モータ | 中村 健太郎<br>黒澤 実 共著<br>青柳 学 | 264 | 4300円 |
| 27. | 物理と心理から見る音楽の音響 | 大田 健紘編著 | 近刊 | |

以下続刊

| | | | |
|---|---|---|---|
| 建築におけるスピーチプライバシー<br>―その評価と音空間設計― | 清水 寧編著 | 聴覚の支援技術 | 中川 誠司編著 |
| 環境音分析 | 井本 桂右<br>川口 洋平 共著<br>小泉 悠馬 | 聴取実験の基本と実践 | 栗栖 清浩編著 |

定価は本体価格+税です。
定価は変更されることがありますのでご了承下さい。

図書目録進呈◆